数林外传系列

跟大学名师学中学数学

怎样证明三角恒等式

第2版

◎ 朱尧辰　著

中国科学技术大学出版社

内 容 简 介

本书讲述中等数学中关于证明三角恒等式的一些常用方法和基本技巧，并通过补充材料和杂例给出关于三角恒等变形的各种特殊技巧. 全书包含例题及练习题各约 80 个（题或题组），总共 300 余道题，并给出所有练习题的解答或提示.

本书可作为高中生的数学课外读物，也可供一般数学爱好者阅读.

图书在版编目(CIP)数据

怎样证明三角恒等式/朱尧辰著. —2 版. —合肥：中国科学技术大学出版社，2014.1（2019.9 重印）
（数林外传系列：跟大学名师学中学数学）
ISBN 978-7-312-03355-1

Ⅰ. 怎…　Ⅱ. 朱…　Ⅲ. 三角—恒等式—题解
Ⅳ. O124-44

中国版本图书馆 CIP 数据核字（2013）第 271787 号

中国科学技术大学出版社出版发行
安徽省合肥市金寨路 96 号，230026
http://press.ustc.edu.cn
https://zgkxjsdxcbs.tmall.com
合肥市宏基印刷有限公司印刷
全国新华书店经销
*
开本：880 mm×1230 mm　1/32　印张：7.375　字数：148 千
1981 年 1 月第 1 版　2014 年 1 月第 2 版　2019 年 9 月第 3 次印刷
定价：25.00 元

前　言

这本小册子初版于 20 世纪 80 年代初期, 主要涉及 20 世纪 60 年代中学数学教材中与三角恒等变形有关的基本知识. 岁月流逝了 30 多年, 现今中学数学教材中对于有关知识的要求在深度和广度方面都有了明显的变化, 因此, 笔者对原书作了必要的修改和补充, 以适应新的情况. 修订后的主要变化是删去了反三角函数恒等式、涉及三角方程的问题以及消去式问题, 降低了与三角形边角关系有关的恒等式的难度, 对于其余部分也作了适当调整和补充. 新版本包含 6 节. 第 1 节是引言. 第 2~4 节是基本材料, 给出关于证明三角恒等式的一些常用方法和基本技巧. 第 5 节是具有提高性质的补充材料, 包括某些特殊的有限三角级数的和以及三角函数式的有限乘积的计算,De Moivre 公式和 Vieta 定理对证明三角恒等式的一些应用; 还补充了不同类型的三角恒等变形的杂例, 有一定难度, 显示了多方面的解题技巧. 第 6 节给出所有练习题的解答或提示. 对于所有例题, 我们力求讲清解题思路, 给出论证和计算的细节, 有的在解题前作了一些分析. 书中带星号"*"的材料仅供感兴趣的读者选读.

作为“面对全体学生”的中学通用教材, 对于三角恒等变形的知识的要求, 无疑在深度和广度方面都应当是适度的. 但对于学有余力且对数学有兴趣的学生, 通过阅读数学课外读物或以其他适当方式接受较高难度的三角恒等变形能力的训练不仅是可能的, 而且对于他们今后学习其他数学知识也是有益的. 这种训练不仅可以扩大他们的数学视野, 而且更重要的是借此有助于逐步养成他们沉着应对复杂数学运算、寻求破解难题之道的心理素质. 这样的心理素质对于他们今后学习甚至研究某些数学课题都将是终身受用的. 值得提及的是, 英年早逝的印度数学家 S. A. Ramanujan 在他留给后人的数学瑰宝《数学笔记》中, 给出了形式不同的关于无穷级数和特殊函数的复杂的恒等式, 它们至今仍然是重要的数论和分析学课题.

限于笔者的水平和经验, 这本小册子在取材和表述等方面难免存在不足之处甚至谬误, 欢迎读者批评指正.

朱尧辰

2013 年 5 月于北京

目　次

1 引　　言

1.1 什么是三角恒等式和三角恒等变形

设给定两个三角函数解析表达式, 我们把它们记成

$$f_1(x) = U_1(\sin x, \cos x, \tan x, \cot x), \tag{1}$$

$$f_2(x) = U_2(\sin x, \cos x, \tan x, \cot x). \tag{2}$$

对于式 (1), 自变量的取值范围是 A_1, 对于式 (2), 自变量的取值范围是 A_2. 现在同时研究这两个式子, 于是考虑 A_1 和 A_2 的公共部分 $A_1 \cap A_2$. 为了使问题的讨论有意义, 我们始终假设 $A_1 \cap A_2$ 非空.

如果对于 $A_1 \cap A_2$ 中的任何值 x, 式 (1) 和式 (2) 都有相等的数值, 那么称式 (1) 和式 (2) 是恒等的, 并且记作

$$U_1(\sin x, \cos x, \tan x, \cot x) = U_2(\sin x, \cos x, \tan x, \cot x), \tag{3}$$

式 (3) 称为三角恒等式.

注　1° 式 (1) 和式 (2) 恒等, 总是指 $x \in A_1 \cap A_2$.

2° 符号 “≡” 强调恒等, 但也用作数论中的同余 (省略

mod), 因此本书仍然按惯例用等号 “=” 表示恒等, 不再特别说明.

3° 符号 $\tan\theta$(正切) 也记作 $\mathrm{tg}\,\theta$; $\cot\theta=\dfrac{1}{\tan\theta}$(余切) 也记作 $\mathrm{ctg}\,\theta$. 还令

$$\sec\theta=\frac{1}{\cos\theta}\ (\text{正割}),\quad \csc\theta=\frac{1}{\sin\theta}\ (\text{余割}),$$

有时它们也分别记作 $\mathrm{sc}\,\theta$ 和 $\mathrm{cosec}\,\theta$.

例 1.1.1 (1) 恒等式

$$\sin^2x+\cos^2x=1$$

对所有 $x\in\mathbb{R}$ 成立.

(2) 恒等式

$$\frac{1-\cos x}{\sin x}=\tan\frac{x}{2}$$

对所有实数 $x\neq k\pi\,(k\in\mathbb{Z})$ 成立.

(3) 函数 $\sqrt{\sin^2x}$ 与 $\sin x$ 不恒等. 这是因为此时, $A_1=A_2=\mathbb{R}, A_1\cap A_2=\mathbb{R}$, 而

$$\sqrt{\sin^2x}=\begin{cases}+\sin x & (2k\pi\leqslant x\leqslant(2k+1)\pi\ (k\in\mathbb{Z})),\\ -\sin x & ((2k-1)\pi\leqslant x\leqslant 2k\pi\ (k\in\mathbb{Z})),\end{cases}$$

于是对于 $A_1\cap A_2=\mathbb{R}$ 中的无穷多个 $x\in\big((2k-1)\pi,2k\pi\big)$ $(k\in\mathbb{Z})$, 函数 $\sqrt{\sin^2x}$ 和 $\sin x$ 取不同的值, 从而 $\sqrt{\sin^2x}$ 和 $\sin x$(在 $A_1\cap A_2=\mathbb{R}$ 上) 不恒等. 但函数 $\sqrt{\sin^2x}\,(2k\pi\leqslant x\leqslant(2k+1)\pi\,(k\in\mathbb{Z}))$ 与 $\sin x$ 恒等, 也就是说, 当 $2k\pi\leqslant x\leqslant(2k+1)\pi(k\in\mathbb{Z})$ 时, 有恒等式 $\sqrt{\sin^2x}=\sin x$. □

例 1.1.2 等式

$$\sin^2 x = \cos^2 x$$

不是恒等式. 因为此时 $A_1 = A_2 = \mathbb{R}, A = A_1 \cap A_2 = \mathbb{R}$, 只当 x 取 A 中的特殊值 $k\pi \pm \dfrac{\pi}{4}\,(k \in \mathbb{Z})$ 时等式两边才取相等的值. □

注 一般地, 若等式 (3) 只对 A 中的特殊值成立, 则称式 (3) 是一个三角方程, 这些特殊值称为这个三角方程的解. 本书不讨论三角方程.

两个恒等的表达式 (1) 和 (2) 在 $A_1 \cap A_2 = \mathbb{R}$ 上确定同一个函数. 两个恒等的表达式有时可能是同一个函数仅在外表上不同的表示法. 例如,$1 + 2\sin x + \sin^2 x$ 与 $(1 + \sin x)^2$.

当一个三角函数表达式用另一个与它恒等的三角函数表达式去代换时, 这种代换就称为三角恒等变形 (或三角恒等变换). 解析式的三角恒等变形可能会引起函数定义域的改变. 例如, 在 $1 + \sin 2x$ 中, 若用 $\dfrac{2\tan x}{1 + \tan^2 x}$ 代换 $\sin 2x$, 将引起定义域的缩小; 在 $1 + \tan x \cos x$ 中用 $\sin x$ 代换 $\tan x \cos x$ 时, 将引起定义域的扩大. 这种现象往往是引起某些方程产生增根或减根的原因.

上面都是对单个变量情形来说的, 对于多个变量情形, 也是类似的. 例如, 当 $x + y \neq k\pi + \dfrac{\pi}{2}, x, y \neq k\pi + \dfrac{\pi}{2}\,(k \in \mathbb{Z})$ 时

$$\tan(x + y) \quad 与 \quad \frac{\tan x + \tan y}{1 - \tan x \tan y}$$

是恒等的, 即

$$\tan(x + y) = \frac{\tan x + \tan y}{1 - \tan x \tan y}.$$

练 习 题

1.1.1 下列等式是否是恒等式? 如果不是, 说明理由; 如果是, 说明恒等式中自变量的取值范围:

(1) $\sqrt{1-2\sin\theta+\sin^2\theta}=1-\sin\theta$.

(2) $\sqrt{1-2\sin\theta\cos\theta}=\sin\theta-\cos\theta$.

(3) $2\lg\sin\theta=\lg(1-\cos^2\theta)$.

1.1.2 对于 α 的哪些值, 等式

$$\tan\alpha-\sec\alpha=\sqrt{\frac{1-\sin\alpha}{1+\sin\alpha}}$$

成为恒等式?

1.1.3 求使下列恒等式成立的自变量 x 的集合:

(1) $\lg\tan x=\lg\sin x-\lg\cos x$.

(2) $\lg\tan x=\lg|\sin x|-\lg|\cos x|$.

1.2 证明三角恒等式的三种方法

证明三角恒等式, 通常有三种方法:

1° 通过一系列恒等变形. 从待证恒等式左边 (右边) 的式子出发推导出右边 (左边) 的式子.

2° 证明待证恒等式两边的式子都与同一个式子恒等.

3° 证明一个与要证的恒等式等价的恒等式 (两个恒等式称

为等价, 如果其中任何一个成立时另一个也成立).

现在举例说明.

例 1.2.1 证明恒等式:

(1) $\sin^2\theta\tan\theta+\cos^2\theta\cot\theta+2\sin\theta\cos\theta=\tan\theta+\cot\theta$.

(2) $\dfrac{1-\csc\theta+\cot\theta}{1+\csc\theta-\cot\theta}=\dfrac{\csc\theta+\cot\theta-1}{\csc\theta+\cot\theta+1}$.

解 (1) 因为左边比较复杂, 所以从左边入手 (按第一种方法).

$$
\begin{aligned}
\text{左边}&=\frac{\sin^3\theta}{\cos\theta}+\frac{\cos^3\theta}{\sin\theta}+2\sin\theta\cos\theta\\
&=\frac{\sin^4\theta+2\sin^2\theta\cos^2\theta+\cos^4\theta}{\sin\theta\cos\theta}\\
&=\frac{(\sin^2\theta+\cos^2\theta)^2}{\sin\theta\cos\theta}=\frac{1}{\sin\theta\cos\theta}\\
&=\frac{\sin^2\theta+\cos^2\theta}{\sin\theta\cos\theta}=\frac{\sin^2\theta}{\sin\theta\cos\theta}+\frac{\cos^2\theta}{\sin\theta\cos\theta}\\
&=\tan\theta+\cot\theta\\
&=\text{右边}.
\end{aligned}
$$

(2) 注意问题本身蕴含题中等式两边的分母均不为零, 我们只需证明下列恒等式 (按第三种方法):

$$
\begin{aligned}
&(1-\csc\theta+\cot\theta)(\csc\theta+\cot\theta+1)\\
&\quad=(\csc\theta+\cot\theta-1)(1+\csc\theta-\cot\theta).
\end{aligned}\tag{4}
$$

式 (4) 的左边等于

$$
(1+\cot\theta)^2-\csc^2\theta=1+2\cot\theta+\cot^2\theta-\csc^2\theta
$$

$$
\begin{aligned}
&= 1+2\cot\theta-(\csc^2\theta-\cot^2\theta)\\
&= 1+2\cot\theta-1=2\cot\theta,
\end{aligned}
$$

式 (4) 右边等于

$$
\begin{aligned}
\csc^2\theta-(1-\cot\theta)^2 &= \csc^2\theta-1+2\cot\theta-\cot^2\theta\\
&= (\csc^2\theta-\cot^2\theta)-1+2\cot\theta\\
&= 1-1+2\cot\theta=2\cot\theta.
\end{aligned}
$$

因此式 (4) 成立, 从而本题得证. □

练 习 题

1.2.1 用适宜的方法证明下列恒等式:

(1) $2(\sin^6\theta+\cos^6\theta)-3(\sin^4\theta+\cos^4\theta)+1=0$.

(2) $\dfrac{1+\sin\theta-\cos\theta}{1+\sin\theta+\cos\theta}=2\csc\theta-\dfrac{1+\sin\theta+\cos\theta}{1+\sin\theta-\cos\theta}$.

(3) $2(1+\sin\theta)(1+\cos\theta)=(1+\sin\theta+\cos\theta)^2$.

(4) $\sqrt{\dfrac{1-\sin\theta}{1+\sin\theta}}=\sec\theta-\tan\theta\ (0<\theta<\dfrac{\pi}{2})$.

1.2.2 证明下式与 x 无关:

$$
\frac{1}{8}\sin^8 x-\frac{1}{8}\cos^8 x-\frac{1}{3}\sin^6 x+\frac{1}{6}\cos^6 x+\frac{1}{4}\sin^4 x.
$$

也就是说, 对于任何使此式有意义的 x 的值, 它等于某个常数.

2 以同角函数关系为基础的恒等式

2.1 简易恒等式

所谓同角三角函数关系是指下列 3 组恒等关系:

1° 平方和关系

$$\sin^2\theta+\cos^2\theta=1,\quad \tan^2\theta+1=\sec^2\theta,\quad \cot^2\theta+1=\csc^2\theta.$$

2° 倒数关系

$$\tan\theta=\frac{1}{\cot\theta},\quad \sec\theta=\frac{1}{\cos\theta},\quad \csc\theta=\frac{1}{\sin\theta},$$

或者

$$\tan\theta\cdot\cot\theta=1,\quad \sec\theta\cdot\cos\theta=1,\quad \csc\theta\cdot\sin\theta=1.$$

3° 相除关系

$$\tan\theta=\frac{\sin\theta}{\cos\theta},\quad \cot\theta=\frac{\cos\theta}{\sin\theta}.$$

这些关系式经常应用于三角恒等变形, 是证明三角恒等式的基础. 在 1.2 节我们已经给出几个简易恒等式的例子, 下面再补充 2 个.

例 2.1.1 求证:

$$(1-\tan^2 A)^2=(\sec^2 A-2\tan A)(\sec^2 A+2\tan A).$$

解 这里给出 4 种解法.

解法 1 综合应用因式分解和乘法公式, 从左边入手.

$$\begin{aligned}
\text{左边}&=1-2\tan^2 A+\tan^4 A=1+2\tan^2 A+\tan^4 A-4\tan^2 A\\
&=(1+\tan^2 A)^2-4\tan^2 A=\sec^4 A-4\tan^2 A\\
&=(\sec^2 A-2\tan A)(\sec^2 A+2\tan A)\\
&=\text{右边}.
\end{aligned}$$

解法 2 综合应用因式分解和乘法公式, 从右边入手.

$$\begin{aligned}
\text{右边}&=(1+\tan^2 A-2\tan A)(1+\tan^2 A+2\tan A)\\
&=(1-\tan A)^2(1+\tan A)^2=\big((1-\tan A)(1+\tan A)\big)^2\\
&=(1-\tan^2 A)^2\\
&=\text{左边}.
\end{aligned}$$

解法 3 分别计算左右两边, 验证它们都恒等于同一个式子.

$$\begin{aligned}
\text{左边}&=\left(1-\frac{\sin^2 A}{\cos^2 A}\right)^2=\frac{(\cos^2 A-\sin^2 A)^2}{\cos^4 A}\\
&=\frac{\cos^4 A+\sin^4 A-2\cos^2 A\sin^2 A}{\cos^4 A}\\
&=\frac{(\cos^2 A+\sin^2 A)^2-4\cos^2 A\sin^2 A}{\cos^4 A}
\end{aligned}$$

$$
\begin{aligned}
&= \frac{1-4\cos^2 A\sin^2 A}{\cos^4 A}, \\
右边 &= \sec^4 A - 4\tan^2 A = \frac{1}{\cos^4 A} - \frac{4\sin^2 A}{\cos^2 A} \\
&= \frac{1-4\cos^2 A\sin^2 A}{\cos^4 A}.
\end{aligned}
$$

因此左边等于右边.

解法 4 依据等式的基本性质逐步推演.

因为 $1+\tan^2 A=\sec^2 A$, 所以 $(1+\tan^2 A)^2=\sec^4 A$, 展开左边得

$$1+2\tan^2 A+\tan^4 A=\sec^4 A.$$

两边同时减去 $4\tan^2 A$, 得

$$1-2\tan^2 A+\tan^4 A=\sec^4 A-4\tan^2 A.$$

于是由因式分解立得题中要证的恒等式. □

例 2.1.2 证明:

$$\frac{1+2\sin x\cos x}{\cos^2 x-\sin^2 x}=\frac{1+\tan x}{1-\tan x}.$$

解 在左边的分子中用 $\sin^2 x+\cos^2 x$ 代替 1, 得

$$
\begin{aligned}
左边 &= \frac{\sin^2 x+\cos^2 x+2\sin x\cos x}{\cos^2 x-\sin^2 x} \\
&= \frac{(\sin x+\cos x)^2}{(\cos x+\sin x)(\cos x-\sin x)} = \frac{\sin x+\cos x}{\cos x-\sin x},
\end{aligned}
$$

因为当 $x=\frac{\pi}{2}+k\pi(k\in\mathbb{Z})$ 时 $\tan x$ 无意义, 所以 $\frac{\pi}{2}+k\pi(k\in\mathbb{Z})$ 不属于集合 $A_1\cap A_2$, 从而当 $x\in A_1\cap A_2$ 时 $\cos x\neq 0$. 我们用

$\cos x$ 同除上式最右边式子的分子和分母, 得原式左边等于

$$\frac{\dfrac{\sin x+\cos x}{\cos x}}{\dfrac{\cos x-\sin x}{\cos x}}=\frac{1+\tan x}{1-\tan x}=\text{右边}.$$

于是本题得证. □

从上面这些例题的解法可总结出下列几点:

1° 因式分解、乘法公式、分式性质等是经常使用的代数技巧.

2° "1"的代用法, 即

$$\sin^2\theta+\cos^2\theta=1,\quad \sec^2\theta-\tan^2\theta=1,\quad \csc^2\theta-\cot^2\theta=1$$

(特别是 $\sin^2\theta+\cos^2\theta=1$), 是一种常用技巧.

3° 应当依据问题的特点尽量选择最简单的证法.

练　习　题

2.1.1 证明下列恒等式:

(1) $(2-\cos^2\theta)(1+2\cot^2\theta)=(2-\sin^2\theta)(2+\cot^2\theta)$.

(2) $\dfrac{2(\cos\theta-\sin\theta)}{1+\sin\theta+\cos\theta}=\dfrac{\cos\theta}{1+\sin\theta}-\dfrac{\sin\theta}{1+\cos\theta}$.

(3) $\dfrac{1}{\cos\theta+\tan^2\theta\sin\theta}-\dfrac{1}{\sin\theta+\cot^2\theta\cos\theta}=\dfrac{\csc\theta-\sec\theta}{\sec\theta\csc\theta-1}$.

(4) $\dfrac{(1+\csc\theta)(\cos\theta-\cot\theta)}{(1+\sec\theta)(\sin\theta-\tan\theta)}=\cot^5\theta$.

(5) $\dfrac{1+\tan x+\cot x}{\sec^2 x+\tan x}-\dfrac{\cot x}{\csc^2 x+\tan^2 x-\cot^2 x}=\sin x\cos x$.

2.1.2 证明: 若 $0<\theta<\dfrac{\pi}{2}$, 则

$$\sqrt{\frac{2}{1+\sin\theta\cos\theta}}=\frac{1}{1+\sqrt{2}\sin\theta}+\frac{1}{1+\sqrt{2}\cos\theta}.$$

2.2 附条件的恒等式

因为这类问题常涉及 2 个或多个变量, 所以解法比较灵活多变.

例 2.2.1 若 $\sin^2\alpha\csc^2\beta+\cos^2\alpha\cos^2\gamma=1$, 则 $\sin^2\gamma=\tan^2\alpha\cot^2\beta$.

分析 因为 $\sin^2\gamma=1-\cos^2\gamma$, 而由题设条件推出 $\cos^2\gamma$ 是比较容易的, 所以应从求 $\cos^2\gamma$ 入手.

解 由已知条件求出

$$\begin{aligned}\cos^2\gamma&=\frac{1-\sin^2\alpha\csc^2\beta}{\cos^2\alpha}=\frac{(1-\sin^2\alpha\csc^2\beta)\sin^2\beta}{\cos^2\alpha\sin^2\beta}\\&=\frac{\sin^2\beta-\sin^2\alpha}{\cos^2\alpha\sin^2\beta}.\end{aligned}$$

由此可知

$$\begin{aligned}\sin^2\gamma&=1-\cos^2\gamma=1-\frac{\sin^2\beta-\sin^2\alpha}{\cos^2\alpha\sin^2\beta}\\&=\frac{\cos^2\alpha\sin^2\beta-\sin^2\beta+\sin^2\alpha}{\cos^2\alpha\sin^2\beta}\\&=\frac{(\cos^2\alpha-1)\sin^2\beta+\sin^2\alpha}{\cos^2\alpha\sin^2\beta}\end{aligned}$$

$$
\begin{aligned}
&=\frac{-\sin^2\alpha\sin^2\beta+\sin^2\alpha}{\cos^2\alpha\sin^2\beta}=\frac{\sin^2\alpha(1-\sin^2\beta)}{\cos^2\alpha\sin^2\beta}\\
&=\frac{\sin^2\alpha\cos^2\beta}{\cos^2\alpha\sin^2\beta}=\left(\frac{\sin\alpha}{\cos\alpha}\right)^2\left(\frac{\cos\beta}{\sin\beta}\right)^2\\
&=\tan^2\alpha\cot^2\beta.
\end{aligned}
$$

□

注 因为问题中的假设蕴含 $\cos\alpha\neq 0,\sin\beta\neq 0$, 所以上述解法的第一步是有效的. 今后解题中, 对于类似的情形, 一般可以不特别加以说明.

例 2.2.2 已知

$$\frac{\cos^4 A}{\cos^2 B}+\frac{\sin^4 A}{\sin^2 B}=1,$$

求证:

$$\frac{\cos^4 B}{\cos^2 A}+\frac{\sin^4 B}{\sin^2 A}=1.$$

分析 已知条件是以分式形式出现的, 为明显看出 A,B 的正弦 (或余弦) 间的关系, 应先将已知条件适当变形.

解 由已知条件得

$$\cos^4 A\sin^2 B+\sin^4 A\cos^2 B=\sin^2 B\cos^2 B,$$

进一步变形为

$$(1-\sin^2 A)^2\sin^2 B+\sin^4 A(1-\sin^2 B)-\sin^2 B(1-\sin^2 B)=0.$$

将此式加以整理, 可得

$$(\sin^2 A-\sin^2 B)^2=0,$$

于是

$$\sin^2 A = \sin^2 B.$$

由此还有 $1-\sin^2 A = 1-\sin^2 B$, 从而

$$\cos^2 A = \cos^2 B.$$

因此我们最终得到

$$\frac{\cos^4 B}{\cos^2 A}+\frac{\sin^4 B}{\sin^2 A}=\frac{\cos^4 A}{\cos^2 A}+\frac{\sin^4 A}{\sin^2 A}=\cos^2 A+\sin^2 A=1. \quad \square$$

注 1° 上面的恒等变形是“统一”于正弦函数, 也可改为“统一”于余弦函数, 证法是类似的.

2° 上面的证明中得到 $\sin^2 A=\sin^2 B$, 因此 $\sin A=\pm\sin B$, 从而 $A=n\pi\pm B$. 由此可直接验证 (应用诱导公式)

$$\frac{\cos^4 B}{\cos^2 A}+\frac{\sin^4 B}{\sin^2 A}=\frac{\cos^4 B}{\cos^2 B}+\frac{\sin^4 B}{\sin^2 B}=\cos^2 B+\sin^2 B=1.$$

例 2.2.3 若

$$a\tan\alpha = b\tan\beta, \quad a^2x^2=a^2-b^2,$$

则

$$(1-x^2\sin^2\beta)(1-x^2\cos^2\alpha)=1-x^2.$$

分析 因为要证的恒等式的左边含有 α 和 β 的三角函数, 所以宜将此表达式化简, 使得只出现 (比如)β 的三角函数. 为此, 我们首先设法通过 β 的三角函数表示 $\cos^2\alpha$.

解 将 $a\tan\alpha=b\tan\beta$ 两边平方，得 $a^2\tan^2\alpha=b^2\tan^2\beta$，进而变形为

$$a^2\cdot\frac{1-\cos^2\alpha}{\cos^2\alpha}=b^2\cdot\frac{1-\cos^2\beta}{\cos^2\beta},$$

由此解出

$$\cos^2\alpha=\frac{a^2\cos^2\beta}{b^2+(a^2-b^2)\cos^2\beta}.$$

又由已知条件 $a^2x^2=a^2-b^2$ 求出

$$x^2=1-\frac{b^2}{a^2}.$$

于是

$$\begin{aligned}1-x^2\sin^2\beta&=1-\left(1-\frac{b^2}{a^2}\right)(1-\cos^2\beta)\\&=\frac{b^2+(a^2-b^2)\cos^2\beta}{a^2},\\1-x^2\cos^2\alpha&=1-\left(1-\frac{b^2}{a^2}\right)\frac{a^2\cos^2\beta}{b^2+(a^2-b^2)\cos^2\beta}\\&=1-\frac{a^2\cos^2\beta}{b^2+(a^2-b^2)\cos^2\beta}+\frac{b^2\cos^2\beta}{b^2+(a^2-b^2)\cos^2\beta}\\&=1-\frac{(a^2-b^2)\cos^2\beta}{b^2+(a^2-b^2)\cos^2\beta}\\&=\frac{b^2\cos^2\beta}{b^2+(a^2-b^2)\cos^2\beta}.\end{aligned}$$

由此得到

$$\begin{aligned}&(1-x^2\sin^2\beta)(1-x^2\cos^2\alpha)\\&\quad=\frac{b^2+(a^2-b^2)\cos^2\beta}{a^2}\cdot\frac{b^2}{b^2+(a^2-b^2)\cos^2\beta}\end{aligned}$$

$$= \frac{b^2}{a^2} = \frac{a^2 - a^2x^2}{a^2} = 1 - x^2. \qquad \square$$

练 习 题

2.2.1 (1) 证明: 设 $\tan x + \sin x = m, \tan x - \sin x = n$, 则 $16mn = (m^2 - n^2)^2$.

(2) 证明: 若 $u_n = \sin^n\theta + \cos^n\theta\,(n \in \mathbb{N})$, 则 $6u_{10} - 15u_8 + 10u_6 = 1$.

2.2.2 (1) 证明: 设 $\sin\theta + \sin^2\theta = 1$, 则 $\cos^2\theta + \cos^4\theta = 1$.

(2) 证明: 设 $\cos\theta - \sin\theta = \sqrt{2}\sin\theta$, 则 $\cos\theta + \sin\theta = \sqrt{2}\cos\theta$.

2.2.3 证明: 如果

$$\left(\frac{\tan\alpha}{\sin\theta} - \frac{\tan\beta}{\tan\theta}\right)^2 = \tan^2\alpha - \tan^2\beta,$$

那么

$$\cos\theta = \frac{\tan\beta}{\tan\alpha}.$$

2.2.4 证明: 如果

$$\frac{\cos^3\theta}{\cos\alpha} + \frac{\sin^3\theta}{\sin\alpha} = 1,$$

那么

$$\left(\frac{\cos\alpha}{\cos\theta} - \frac{\sin\alpha}{\sin\theta}\right)\left(\frac{\cos\alpha}{\cos\theta} + \frac{\sin\alpha}{\sin\theta} + 1\right) = 0.$$

2.2.5 证明: 设 $\cos\theta \neq 0, \cos^2\alpha \neq \cos^2\phi$, 而且

$$\tan\phi = \frac{\sin\theta\sin\alpha}{\cos\theta - \cos\alpha},$$

则

$$\tan\theta = \frac{\sin\alpha\sin\phi}{\cos\phi \pm \cos\alpha}.$$

2.2.6 证明: 如果

$$\cot^2 A = \frac{\cos^2 B}{\tan^2 C} + \frac{\sin^2 B}{\tan^2 D},$$

那么

$$\csc^2 A = \frac{\cos^2 B}{\sin^2 C} + \frac{\sin^2 B}{\sin^2 D}.$$

2.2.7 证明: 若

$$\cos A = \cos B\cos C \pm \sin B\sin C\cos A$$

(此处正负号 $\pm$ 任意选取), 则

$$\cos B = \cos C\cos A \pm \sin C\sin A\cos B.$$

3 以加法定理为基础的恒等式

3.1 应用加法定理证明的恒等式

所谓加法定理是指下列 8 个公式:

$$\begin{aligned}
&\sin(\alpha\pm\beta)=\sin\alpha\cos\beta\pm\cos\alpha\sin\beta,\\
&\cos(\alpha\pm\beta)=\cos\alpha\cos\beta\mp\sin\alpha\sin\beta,\\
&\tan(\alpha\pm\beta)=\frac{\tan\alpha\pm\tan\beta}{1\mp\tan\alpha\tan\beta},\\
&\cot(\alpha\pm\beta)=\frac{\cot\alpha\cot\beta\mp1}{\cot\alpha\pm\cot\beta},
\end{aligned}$$

其中最基本的是关于 $\sin(\alpha+\beta)$ 和 $\cos(\alpha+\beta)$ 的公式, 其他几个公式都可由它们推出. 最后两个关于 $\cot(\alpha\pm\beta)$ 的公式应用较少, 一般不需记忆.

注 上面第 3 个公式当 $\alpha,\beta,\alpha\pm\beta\neq k\pi+\dfrac{\pi}{2}(k\in\mathbb{Z})$ 时成立, 第 4 个公式当 $\alpha,\beta,\alpha\pm\beta\neq k\pi(k\in\mathbb{Z})$ 时成立. 下文中, 在类似的情形下一般不再作这种说明.

现在举例说明它们在证明三角恒等式中的应用.

例 3.1.1 证明:

(1) $\sin(x+y)\sin(x-y)=\sin^2 x-\sin^2 y(=\cos^2 y-\cos^2 x)$.

(2) $\cos(x+y)\cos(x-y)=\cos^2 x-\sin^2 y(=\cos^2 y-\sin^2 x)$.

解 此两式证法类似, 在此只解 (1), 请读者补解 (2). 我们有

$$\begin{aligned}&\sin(x+y)\sin(x-y)\\&\quad=(\sin x\cos y+\cos x\sin y)(\sin x\cos y-\cos x\sin y)\\&\quad=\sin^2 x\cos^2 y-\cos^2 x\sin^2 y\\&\quad=\sin^2 x(1-\sin^2 y)-(1-\sin^2 x)\sin^2 y\\&\quad=\sin^2 x-\sin^2 y,\end{aligned}$$

以及 $\sin^2 x-\sin^2 y=(1-\cos^2 x)-(1-\cos^2 y)=\cos^2 y-\cos^2 x$.

□

注 本题的另一解法见例 3.5.8.

例 3.1.2 证明:

$$\frac{\tan\alpha-\tan\beta}{\tan\alpha+\tan\beta}=\frac{\sin(\alpha-\beta)}{\sin(\alpha+\beta)}.$$

解 解法 1

$$\begin{aligned}\text{左边}&=\frac{\dfrac{\sin\alpha}{\cos\alpha}-\dfrac{\sin\beta}{\cos\beta}}{\dfrac{\sin\alpha}{\cos\alpha}+\dfrac{\sin\beta}{\cos\beta}}=\frac{\dfrac{\sin\alpha\cos\beta-\cos\alpha\sin\beta}{\cos\alpha\cos\beta}}{\dfrac{\sin\alpha\cos\beta+\cos\alpha\sin\beta}{\cos\alpha\cos\beta}}\\&=\frac{\sin\alpha\cos\beta-\cos\alpha\sin\beta}{\sin\alpha\cos\beta+\cos\alpha\sin\beta}=\frac{\sin(\alpha-\beta)}{\sin(\alpha+\beta)}\\&=\text{右边}.\end{aligned}$$

解法 2

$$右边=\frac{\sin\alpha\cos\beta-\cos\alpha\sin\beta}{\sin\alpha\cos\beta+\cos\alpha\sin\beta}=\frac{\dfrac{\sin\alpha\cos\beta-\cos\alpha\sin\beta}{\cos\alpha\cos\beta}}{\dfrac{\sin\alpha\cos\beta+\cos\alpha\sin\beta}{\cos\alpha\cos\beta}}$$

$$=\frac{\dfrac{\sin\alpha}{\cos\alpha}-\dfrac{\sin\beta}{\cos\beta}}{\dfrac{\sin\alpha}{\cos\alpha}+\dfrac{\sin\beta}{\cos\beta}}=\frac{\tan\alpha-\tan\beta}{\tan\alpha+\tan\beta}$$

$$=左边.$$

另外, 本题也可直接应用练习题 3.1.4(1) 推出. □

注 上面两个解法本质上一样, 只是出发点正好相反.

例 3.1.3 证明:

$$\frac{1+\sqrt{3}\tan\left(x-\dfrac{\pi}{6}\right)}{\sqrt{3}-\tan\left(x-\dfrac{\pi}{6}\right)}=\tan x.$$

解 将左边分式的分子和分母同时除以 $\sqrt{3}$, 得到

$$左边=\frac{\dfrac{\sqrt{3}}{3}+\tan\left(x-\dfrac{\pi}{6}\right)}{1-\dfrac{\sqrt{3}}{3}\cdot\tan\left(x-\dfrac{\pi}{6}\right)}=\frac{\tan\dfrac{\pi}{6}+\tan\left(x-\dfrac{\pi}{6}\right)}{1-\tan\dfrac{\pi}{6}\tan\left(x-\dfrac{\pi}{6}\right)}$$

$$=\tan\left(\frac{\pi}{6}+x-\frac{\pi}{6}\right)=\tan x$$

$$=右边.$$

□

练 习 题

3.1.1 证明下列恒等式:

(1) $\dfrac{\sin 2\alpha}{\sin\alpha}-\dfrac{\cos 2\alpha}{\cos\alpha}=\sec\alpha$.

(2) $\sin(x+y)\cos y=\cos(x+y)\sin y+\sin x$.

(3) $\sin x\pm\cos x=\sqrt{2}\sin\left(x\pm\dfrac{\pi}{4}\right)=\pm\sqrt{2}\cos\left(x\mp\dfrac{\pi}{4}\right)$ (所有正负号选取顺序一致).

(4) $\dfrac{\sin(2A+B)}{\sin A}-2\cos(A+B)=\dfrac{\sin A}{\sin B}$.

3.1.2 证明恒等式:

$$\frac{1}{1+2\cos\left(\dfrac{\pi}{3}+\theta\right)}+\frac{1}{1+2\cos\left(\dfrac{\pi}{3}-\theta\right)}=\frac{1}{2\cos\theta-1}.$$

3.1.3 证明下列两式与 θ 无关:

(1) $\cos^2\theta+\cos^2\left(\theta+\dfrac{2\pi}{3}\right)+\cos^2\left(\theta-\dfrac{2\pi}{3}\right)$.

(2) $\cos^2\theta+\cos^2(\alpha+\theta)-2\cos\alpha\cos\theta\cos(\alpha+\theta)$.

3.1.4 证明下列恒等式:

(1) $\tan\alpha\pm\tan\beta=\dfrac{\sin(\alpha\pm\beta)}{\cos\alpha\cos\beta}$ (两边正负号选取顺序一致).

(2) $\tan\left(\dfrac{\pi}{4}\pm\alpha\right)=\dfrac{1\pm\tan\alpha}{1\mp\tan\alpha}$ (两边正负号选取顺序一致).

(3) $\tan 2\theta\tan 3\theta\tan 5\theta=\tan 5\theta-\tan 3\theta-\tan 2\theta$.

3.1.5 如果将角 θ 分为两部分, 使它们的正弦之比等于 $m:n$, 那么其中一个角的正切等于 $\dfrac{n-m\cos\theta}{m\sin\theta}$.

*3.2 多角和公式及其对恒等式证明的应用

常用的是下列 3 个公式 (含 3 个角):

$$\begin{aligned}
&\sin(\alpha+\beta+\gamma)\\
&\quad=\sin\alpha\cos\beta\cos\gamma+\cos\alpha\sin\beta\cos\gamma+\cos\alpha\cos\beta\sin\gamma\\
&\qquad-\sin\alpha\sin\beta\sin\gamma\\
&\quad=\cos\alpha\cos\beta\cos\gamma(\tan\alpha+\tan\beta+\tan\gamma-\tan\alpha\tan\beta\tan\gamma),\\
&\cos(\alpha+\beta+\gamma)\\
&\quad=\cos\alpha\cos\beta\cos\gamma-\cos\alpha\sin\beta\sin\gamma-\sin\alpha\cos\beta\sin\gamma\\
&\qquad-\sin\alpha\sin\beta\cos\gamma\\
&\quad=\cos\alpha\cos\beta\cos\gamma\\
&\qquad\cdot(1-\tan\alpha\tan\beta-\tan\beta\tan\gamma-\tan\gamma\tan\alpha),\\
&\tan(\alpha+\beta+\gamma)\\
&\quad=\frac{\tan\alpha+\tan\beta+\tan\gamma-\tan\alpha\tan\beta\tan\gamma}{1-\tan\alpha\tan\beta-\tan\beta\tan\gamma-\tan\gamma\tan\alpha}.
\end{aligned}$$

请读者自行观察上面 3 个公式的构成规律. 它们都可应用上节公式证明. 例如, 由加法定理, 有

$$\begin{aligned}
\sin(\alpha+\beta+\gamma)&=\sin\left((\alpha+\beta)+\gamma\right)\\
&=\sin(\alpha+\beta)\cos\gamma+\cos(\alpha+\beta)\sin\gamma\\
&=(\sin\alpha\cos\beta+\cos\alpha\sin\beta)\cos\gamma\\
&\quad+(\cos\alpha\cos\beta-\sin\alpha\sin\beta)\sin\gamma,
\end{aligned}$$

由此易得上面第一个公式.

应用数学归纳法可得到一般情形的多角和公式:

$$\sin(\alpha_1+\alpha_2+\cdots+\alpha_n)$$
$$=\cos\alpha_1\cos\alpha_2\cdots\cos\alpha_n(T_1-T_3+T_5-\cdots),$$
$$\cos(\alpha_1+\alpha_2+\cdots+\alpha_n)$$
$$=\cos\alpha_1\cos\alpha_2\cdots\cos\alpha_n(1-T_2+T_4-\cdots),$$
$$\tan(\alpha_1+\alpha_2+\cdots+\alpha_n)$$
$$=\frac{T_1-T_3+T_5-\cdots}{1-T_2+T_4-\cdots}.$$

其中 $T_k(1\leqslant k\leqslant n)$ 表示所有可能的从 $\tan\alpha_1,\cdots,\tan\alpha_n$ 中取 k 个作出的乘积之和. 在正弦公式中下标 k 只取奇数, 在余弦公式中下标 k 只取偶数 (约定 $T_0=1$), 在正切公式中下标 k 在分子中只取奇数, 在分母中只取偶数.

例如, $n=4$ 时

$$\sin(\alpha_1+\alpha_2+\alpha_3+\alpha_4)=\cos\alpha_1\cos\alpha_2\cos\alpha_3\cos\alpha_4(T_1-T_3),$$

其中

$$T_1=\tan\alpha_1+\tan\alpha_2+\tan\alpha_3+\tan\alpha_4,$$
$$T_3=\tan\alpha_1\tan\alpha_2\tan\alpha_3+\tan\alpha_1\tan\alpha_2\tan\alpha_4$$
$$+\tan\alpha_1\tan\alpha_3\tan\alpha_4+\tan\alpha_2\tan\alpha_3\tan\alpha_4,$$

以及

$$\cos(\alpha_1+\alpha_2+\alpha_3+\alpha_4)=\cos\alpha_1\cos\alpha_2\cos\alpha_3\cos\alpha_4(1-T_2+T_4),$$

其中

$$T_2 = \tan\alpha_1\tan\alpha_2 + \tan\alpha_1\tan\alpha_3 + \tan\alpha_1\tan\alpha_4 + \tan\alpha_2\tan\alpha_3 + \tan\alpha_2\tan\alpha_4 + \tan\alpha_3\tan\alpha_4,$$

$$T_4 = \tan\alpha_1\tan\alpha_2\tan\alpha_3\tan\alpha_4,$$

并且

$$\tan(\alpha_1+\alpha_2+\alpha_3+\alpha_4) = \frac{T_1 - T_3}{1 - T_2 + T_4}.$$

注 上述一般情形的多角和公式也可借助复数证明如下: 令 $\mathrm{i}=\sqrt{-1}$, 我们有

$$\begin{aligned}
&(\cos\alpha_1 + \mathrm{i}\sin\alpha_1)(\cos\alpha_2 + \mathrm{i}\sin\alpha_2)\cdots(\cos\alpha_n + \mathrm{i}\sin\alpha_n)\\
&= \cos\alpha_1(1+\mathrm{i}\tan\alpha_1)\\
&\quad \cdot\cos\alpha_2(1+\mathrm{i}\tan\alpha_2)\cdots\cos\alpha_n(1+\mathrm{i}\tan\alpha_n)\\
&= \cos\alpha_1\cos\alpha_2\cdots\cos\alpha_n\\
&\quad \cdot(1+\mathrm{i}\tan\alpha_1)(1+\mathrm{i}\tan\alpha_2)\cdots(1+\mathrm{i}\tan\alpha_n).
\end{aligned}$$

根据复数乘法公式 (参见 5.3 节), 此等式左边等于

$$\cos(\alpha_1+\alpha_2+\cdots+\alpha_n) + \mathrm{i}\sin(\alpha_1+\alpha_2+\cdots+\alpha_n).$$

注意 $\mathrm{i}^2=-1, \mathrm{i}^3=-\mathrm{i}, \mathrm{i}^4=1$, 可知此等式右边等于

$$\cos\alpha_1\cos\alpha_2\cdots\cos\alpha_n\big((1-T_2+T_4-\cdots)+\mathrm{i}(T_1-T_3+T_5-\cdots)\big).$$

分别比较等式两边的实部和虚部, 即得多角和的余弦和正弦公式. 将此两公式相除, 可得多角和的正切公式.

下面给出应用上面的公式证明三角恒等式的例子.

例 3.2.1 证明:

$$\begin{aligned}4\sin\alpha\sin\beta\sin\gamma &= \sin(-\alpha+\beta+\gamma)+\sin(\alpha-\beta+\gamma)\\&\quad+\sin(\alpha+\beta-\gamma)-\sin(\alpha+\beta+\gamma).\end{aligned}$$

解 简记 $S_\alpha=\sin\alpha, C_\alpha=\cos\alpha$, 等等. 应用 3 角之和的正弦公式, 并且注意 $\sin x$ 是奇函数,$\cos x$ 是偶函数, 我们有

$$\begin{aligned}\sin(-\alpha+\beta+\gamma) &= -S_\alpha C_\beta C_\gamma + C_\alpha S_\beta C_\gamma + C_\alpha C_\beta S_\gamma + S_\alpha S_\beta S_\gamma,\\ \sin(\alpha-\beta+\gamma) &= +S_\alpha C_\beta C_\gamma - C_\alpha S_\beta C_\gamma + C_\alpha C_\beta S_\gamma + S_\alpha S_\beta S_\gamma,\\ \sin(\alpha+\beta-\gamma) &= +S_\alpha C_\beta C_\gamma + C_\alpha S_\beta C_\gamma - C_\alpha C_\beta S_\gamma + S_\alpha S_\beta S_\gamma,\\ -\sin(\alpha+\beta+\gamma) &= -S_\alpha C_\beta C_\gamma - C_\alpha S_\beta C_\gamma - C_\alpha C_\beta S_\gamma + S_\alpha S_\beta S_\gamma.\end{aligned}$$

由此可见题中恒等式成立. □

注 上面的解法较繁, 它的另一证明见例 3.5.7.

例 3.2.2 证明:

$$\begin{aligned}&\tan(\alpha-60^\circ)+\tan(\beta-30^\circ)\\&\quad=\tan(\alpha-30^\circ)+\tan(\beta-60^\circ)\\&\qquad+\tan(\alpha-60^\circ)\tan(\beta-60^\circ)\tan(\alpha-30^\circ)\\&\qquad+\tan(\beta-60^\circ)\tan(\beta-30^\circ)\tan(\alpha-30^\circ)\\&\qquad-\tan(\alpha-60^\circ)\tan(\beta-60^\circ)\tan(\beta-30^\circ)\\&\qquad-\tan(\alpha-60^\circ)\tan(\beta-30^\circ)\tan(\alpha-30^\circ).\end{aligned}$$

分析　题中等式的特征使我们联想到 4 角和的正切公式中出现的 T_1 和 T_3, 于是将我们的思路引向考察题中 4 个角的特点.

解　在 4 角和的正切公式中取 $\alpha_1=\alpha-60^\circ,\alpha_2=60^\circ-\beta,\alpha_3=\beta-30^\circ,\alpha_4=30^\circ-\alpha$, 那么 $\tan(\alpha_1+\alpha_2+\alpha_3+\alpha_4)=0$, 于是 $T_1-T_3=0,T_1=T_3$. 我们算出

$$\begin{aligned}T_1=&\tan(\alpha-60^\circ)-\tan(\alpha-30^\circ)-\tan(\beta-60^\circ)+\tan(\beta-30^\circ),\\T_3=&-\tan(\alpha-60^\circ)\tan(\beta-60^\circ)\tan(\beta-30^\circ)\\&+\tan(\alpha-60^\circ)\tan(\beta-60^\circ)\tan(\alpha-30^\circ)\\&-\tan(\alpha-60^\circ)\tan(\beta-30^\circ)\tan(\alpha-30^\circ)\\&+\tan(\beta-60^\circ)\tan(\beta-30^\circ)\tan(\alpha-30^\circ).\end{aligned}$$

将它们代入 $T_1=T_3$, 适当移项, 即得要证的恒等式 (细节留给读者). □

例 3.2.3　证明

$$\sin(A+B)\sin(B+C)-\sin A\sin C=\sin B\sin(A+B+C).$$

分析　如果应用 3 角和的正弦公式将右边展开, 那么可以设想借助代数技巧将右边化归左边, 试着做几步, 可确信此法可行; 同理, 也可由左边出发, 将它化归右边, 或证明两边分别等于同一个表达式.

解　在此我们只给出两个解法, 即上面分析的前两个方法. 为此简记 $S_A=\sin A$, 等等.

解法1　应用 3 角之和的正弦公式.

$$\begin{aligned}
右边&=S_B(S_AC_BC_C+C_AS_BC_C+C_AC_BS_C-S_AS_BS_C)\\
&=S_AS_BC_BC_C+C_AS_B^2C_C+C_AS_BC_BS_C-S_AS_B^2S_C\\
&=S_AS_BC_BC_C+C_AS_B^2C_C+C_AS_BC_BS_C-S_AS_C(1-C_B^2)\\
&=S_AS_BC_BC_C+C_AS_B^2C_C+C_AS_BC_BS_C\\
&\quad+S_AC_B^2S_C-S_AS_C\\
&=(S_AS_BC_BC_C+C_AS_B^2C_C)+(C_AS_BC_BS_C\\
&\quad+S_AC_B^2S_C)-S_AS_C\\
&=S_BC_C(S_AC_B+C_AS_B)+C_BS_C(C_AS_B+S_AC_B)-S_AS_C\\
&=(S_AC_B+C_AS_B)(S_BC_C+C_BS_C)-S_AS_C\\
&=S_{(A+B)}S_{(B+C)}-S_AS_C\\
&=左边.
\end{aligned}$$

解法2　不应用 3 角之和的正弦公式.

$$\begin{aligned}
左边&=(S_AC_B+C_AS_B)(S_BC_C+C_BS_C)-S_AS_C\\
&=S_AC_BS_BC_C+S_AC_B^2S_C+C_AS_B^2C_C+C_AS_BC_BS_C\\
&\quad-S_AS_C\\
&=(S_AC_B^2S_C-S_AS_C)+S_AC_BS_BC_C+C_AS_B^2C_C\\
&\quad+C_AS_BC_BS_C\\
&=-S_AS_C(1-C_B^2)+S_AC_BS_BC_C+C_AS_B^2C_C\\
&\quad+C_AS_BC_BS_C
\end{aligned}$$

$$=-S_AS_B^2S_C+S_AC_BS_BC_C+C_AS_B^2C_C+C_AS_BC_BS_C$$

$$=(C_AS_B^2C_C-S_AS_B^2S_C)+(S_AC_BS_BC_C+C_AS_BC_BS_C)$$

$$=S_B^2(C_AC_C-S_AS_C)+C_BS_B(S_AC_C+C_AS_C)$$

$$=S_B^2C_{(A+C)}+C_BS_BS_{(A+C)}$$

$$=S_B\big(S_BC_{(A+C)}+C_BS_{(A+C)}\big)$$

$$=S_BS_{(A+B+C)}$$

$$=\text{右边}.$$ □

注 本题也可应用积化和差公式证明.

练 习 题

3.2.1 证明下列恒等式:

(1) $\tan\alpha+\tan\beta+\tan\gamma-\dfrac{\sin(\alpha+\beta+\gamma)}{\cos\alpha\cos\beta\cos\gamma}=\tan\alpha\tan\beta\tan\gamma.$

(2) $\cot(\alpha+\beta+\gamma)=\dfrac{\cot\alpha\cot\beta\cot\gamma-\cot\alpha-\cot\beta-\cot\gamma}{\cot\alpha\cot\beta+\cot\beta\cot\gamma+\cot\gamma\cot\alpha-1}.$

(3) $\tan(\alpha-\beta)+\tan(\beta-\gamma)+\tan(\gamma-\alpha)=\tan(\alpha-\beta)$
$\cdot\tan(\beta-\gamma)\tan(\gamma-\alpha).$

3.2.2 (1) 证明:

$$\begin{aligned}4\cos\alpha\cos\beta\cos\gamma=&\cos(\alpha+\beta+\gamma)+\cos(-\alpha+\beta+\gamma)\\&+\cos(\alpha-\beta+\gamma)+\cos(\alpha+\beta-\gamma).\end{aligned}$$

(2) 由题 (1) 推出

$$2\sqrt{3}\sin\alpha\cos\beta=\cos(60^\circ-\alpha+\beta)+\cos(\alpha+\beta-60^\circ)$$
$$-\cos(60^\circ+\alpha+\beta)-\cos(60^\circ+\alpha-\beta).$$

3.2.3 设 $x+y+z=\dfrac{k}{2}\pi(k\in\mathbb{Z})$, 问 k 为何值时, 函数

$$u(x,y,z)=\tan x\tan y+\tan y\tan z+\tan z\tan x$$

与 x,y,z 无关?

3.3 应用倍角公式证明的恒等式

在加法定理中令 $\alpha=\beta=x$, 可得二倍角公式:

$$\sin 2x=2\sin x\cos x,$$
$$\cos 2x=\cos^2 x-\sin^2 x=2\cos^2 x-1=1-2\sin^2 x,$$
$$\tan 2x=\frac{2\tan x}{1-\tan^2 x}.$$

在多角和公式中取 $n=3,\alpha_1=\alpha_2=\alpha_3=x$, 可得三倍角公式:

$$\sin 3x=3\sin x-4\sin^3 x,$$
$$\cos 3x=4\cos^3 x-3\cos x,$$
$$\tan 3x=\frac{3\tan x-\tan^3 x}{1-3\tan^3 x}.$$

例如:

$$\sin 3x=3\sin x\cos^2 x-\sin^3 x$$

$$= 3\sin x(1-\sin^2 x) - \sin^3 x$$

$$= 3\sin x - 4\sin^3 x.$$

三倍角公式也可由加法定理和二倍角公式推出. 例如:

$$\begin{aligned}
\sin 3x = \sin(2x+x) &= \sin 2x\cos x + \cos 2x\sin x \\
&= (2\sin x\cos x)\cos x + (1-2\sin^2 x)\sin x \\
&= 2\sin x\cos^2 x + \sin x - 2\sin^3 x \\
&= 2\sin x(1-\sin^2 x) + \sin x - 2\sin^3 x \\
&= 3\sin x - 4\sin^3 x.
\end{aligned}$$

注 1° 上面得到的正切二倍角公式是通过 $\tan x$ 的有理函数给出的, 正弦和余弦二倍角公式也有类似的形式:

$$\begin{aligned}
\sin 2x = 2\sin x\cos x &= \frac{2\sin x\cos x}{\sin^2 x+\cos^2 x} \\
&= \frac{\dfrac{2\sin x\cos x}{\cos^2 x}}{\dfrac{\sin^2 x+\cos^2 x}{\cos^2 x}} = \frac{2\tan x}{1+\tan^2 x},
\end{aligned}$$

以及

$$\begin{aligned}
\cos 2x = \cos^2 x - \sin^2 x &= \frac{\cos^2 x-\sin^2 x}{\sin^2 x+\cos^2 x} \\
&= \frac{\dfrac{\cos^2 x-\sin^2 x}{\cos^2 x}}{\dfrac{\sin^2 x+\cos^2 x}{\cos^2 x}} = \frac{1-\tan x}{1+\tan^2 x}.
\end{aligned}$$

我们将这三个公式合写在一起:

$$\sin 2x = \frac{2\tan x}{1+\tan^2 x},$$

$$\cos 2x = \frac{1-\tan^2 x}{1+\tan^2 x},$$
$$\tan 2x = \frac{2\tan x}{1-\tan^2 x}.$$

通常将它们称为万能代换公式. 在一些问题中(如某些三角方程的求解和 (大学数学中的) 某些积分的计算), 应用这些代换, 可导致只含 $\tan x$ 的表达式.

此外, 我们还有 (不常用)

$$\cot 2x = \frac{\cot^2 x - 1}{2\cot x} = \frac{1-\tan^2 x}{2\tan x}.$$

2° 由余弦二倍角公式及正弦和余弦三倍角公式可推出

$$\sin^2 x = \frac{1}{2}(1-\cos 2x), \quad \cos^2 x = \frac{1}{2}(1+\cos 2x),$$
$$\sin^3 x = \frac{1}{4}(3\sin x - \sin 3x), \quad \cos^3 x = \frac{1}{4}(3\cos x + \cos 3x).$$

它们的特点是右边只出现三角函数的一次式, 常用于 (大学数学中的) 某些积分的计算.

3° 对于一般的正整数 $n \geqslant 1$, 若在 3.2 节的多角和公式中取 $\alpha_1 = \alpha_2 = \cdots = \alpha_n = x$, 则可得到关于 $\sin nx, \cos nx, \tan nx$ 的相应公式. 我们将在 5.3 节进一步讨论这些公式.

下面给出了一些应用二倍角和三倍角公式证明恒等式的例子.

例 3.3.1 证明:

$$\frac{\sin\alpha + \sin 2\alpha}{1+\cos\alpha+\cos 2\alpha} = \tan\alpha.$$

解 我们有

$$\begin{aligned}
\text{左边} &= \frac{\sin\alpha+2\sin\alpha\cos\alpha}{1+\cos\alpha+2\cos^2\alpha-1}\\
&= \frac{\sin\alpha(1+2\cos\alpha)}{\cos\alpha(1+2\cos\alpha)}\\
&= \frac{\sin\alpha}{\cos\alpha}=\tan\alpha\\
&= \text{右边}.
\end{aligned}$$

□

例 3.3.2 证明:

$$\tan x+\sec x=\tan\left(\frac{x}{2}+\frac{\pi}{4}\right).$$

分析 因为右边出现 $\frac{x}{2}$, 而左边只出现 x, 所以想到 $x=2\cdot\frac{x}{2}$, 从而可应用倍角公式.

解 解法 1 依上述分析, 将左边化为

$$\begin{aligned}
\frac{\sin x}{\cos x}+\frac{1}{\cos x}=\frac{\sin x+1}{\cos x} &= \frac{2\sin\frac{x}{2}\cos\frac{x}{2}+\sin^2\frac{x}{2}+\cos^2\frac{x}{2}}{\cos^2\frac{x}{2}-\sin^2\frac{x}{2}}\\
&= \frac{\left(\sin\frac{x}{2}+\cos\frac{x}{2}\right)^2}{\left(\cos\frac{x}{2}+\sin\frac{x}{2}\right)\left(\cos\frac{x}{2}-\sin\frac{x}{2}\right)}\\
&= \frac{\sin\frac{x}{2}+\cos\frac{x}{2}}{\cos\frac{x}{2}-\sin\frac{x}{2}},
\end{aligned}$$

然后用 $\cos\frac{x}{2}$ 同除上式的分子和分母, 可知它等于

$$\frac{\tan\frac{x}{2}+\tan\frac{\pi}{4}}{1-\tan\frac{\pi}{4}\tan\frac{x}{2}}=\tan\left(\frac{x}{2}+\frac{\pi}{4}\right)=\text{右边}.$$

解法 2　应用半角公式 (见 3.4 节), 有

$$
\begin{aligned}
\text{右边} &= \tan\frac{1}{2}\left(x+\frac{\pi}{2}\right) = \frac{1-\cos\left(x+\frac{\pi}{2}\right)}{\sin\left(x+\frac{\pi}{2}\right)} \\
&= \frac{1+\sin x}{\cos x} = \frac{1}{\cos x} + \frac{\sin x}{\cos x} \\
&= \sec x + \tan x = \text{左边}.
\end{aligned}
$$

□

注　上面解法 1 中应用了关系式

$$
\begin{aligned}
&1 \pm \sin x = \left(\sin\frac{x}{2} \pm \cos\frac{x}{2}\right)^2, \\
&\cos x = \left(\cos\frac{x}{2}+\sin\frac{x}{2}\right)\left(\cos\frac{x}{2}-\sin\frac{x}{2}\right).
\end{aligned}
$$

这是一种常用的技巧. 本题的另一证法见例 3.4.1.

例 3.3.3　证明:

$$
\tan(30^\circ + x)\tan(30^\circ - x) = \frac{2\cos 2x - 1}{2\cos 2x + 1}.
$$

解　分别对两边作恒等变形:

$$
\begin{aligned}
\text{左边} &= \frac{\frac{\sqrt{3}}{3}+\tan x}{1-\frac{\sqrt{3}}{3}\tan x} \cdot \frac{\frac{\sqrt{3}}{3}-\tan x}{1+\frac{\sqrt{3}}{3}\tan x} \\
&= \frac{1-3\tan^2 x}{3-\tan^2 x} = \frac{1-3\cdot\frac{\sin^2 x}{\cos^2 x}}{3-\frac{\sin^2 x}{\cos^2 x}} \\
&= \frac{\cos^2 x - 3\sin^2 x}{3\cos^2 x - \sin^2 x}, \\
\text{右边} &= \frac{2(\cos^2 x - \sin^2 x)-(\sin^2 x+\cos^2 x)}{2(\cos^2 x - \sin^2 x)+(\sin^2 x+\cos^2 x)}
\end{aligned}
$$

$$= \frac{\cos^2 x - 3\sin^2 x}{3\cos^2 x - \sin^2 x}.$$

于是左边等于右边, 所以本题得证. □

例 3.3.4 证明:

$$\tan A + 2\tan 2A + 4\tan 4A = \cot A - 8\cot 8A.$$

解 下面给出两种解法, 实际上它们本质上是一样的, 只是表达方式不同.

解法 1 要证的恒等式等价于

$$2\tan 2A + 4\tan 4A + 8\cot 8A = \cot A - \tan A. \tag{1}$$

因为

$$\begin{aligned}\cot A - \tan A &= \frac{\cos^2 A - \sin^2 A}{\sin A\cos A} = \frac{2\cos 2A}{\sin 2A}\\ &= 2\cot 2A,\end{aligned} \tag{2}$$

所以式 (1) 等价于

$$2\tan 2A + 4\tan 4A + 8\cot 8A = 2\cot 2A,$$

也就是

$$\tan 2A + 2\tan 4A + 4\cot 8A = \cot 2A. \tag{3}$$

式 (3) 等价于

$$2\tan 4A + 4\cot 8A = \cot 2A - \tan 2A. \tag{4}$$

在式 (2) 中易 A 为 $2A$, 可知 $\cot 2A-\tan 2A=2\cot 4A$, 所以式 (4) 等价于

$$2\tan 4A+4\cot 8A=2\cot 4A,$$

也就是

$$2\cot 8A=\cot 4A-\tan 4A.$$

在式 (2) 中易 A 为 $4A$, 可知上式成立, 因而题中要证的恒等式成立.

解法 2　因为(见解法 1 的式 (2))

$$\tan A=\cot A-2\cot 2A,$$

在其中易 A 为 $2A$, 然后两边同乘以 2, 得

$$2\tan 2A=2\cot 2A-4\cot 4A,$$

类似地, 在上式中易 A 为 $2A$, 然后两边同乘以 2, 得

$$4\tan 4A=4\cot 4A-8\cot 8A.$$

将上面三式相加, 可得

$$\tan A+2\tan 2A+4\tan 4A=\cot A-8\cot 8A.$$

于是本题得证. □

注　解法 2 的推广见例 5.1.3.

例 3.3.5　证明:

$$\frac{\cos 3x-\sin 3x}{\sin x+\cos x}=1-2\sin 2x.$$

解 应用三倍角公式得

$$
\begin{aligned}
\text{左边} &= \frac{(4\cos^3 x - 3\cos x)-(3\sin x-4\sin^3 x)}{\sin x+\cos x}\\
&= \frac{4(\sin^3 x+\cos^3 x)-3(\sin x+\cos x)}{\sin x+\cos x}\\
&= \frac{(\sin x+\cos x)\big(4(\sin^2 x-\sin x\cos x+\cos^2 x)-3\big)}{\sin x+\cos x}\\
&= 4(\sin^2 x-\sin x\cos x+\cos^2 x)-3\\
&= 4(1-\sin x\cos x)-3\\
&= 1-4\sin x\cos x = 1-2\sin 2x\\
&= \text{右边}.
\end{aligned}
$$

于是本题得证. □

练 习 题

3.3.1 证明下列恒等式:

(1) $\cot\alpha-\tan\alpha=2\cot 2\alpha$.

(2) $2\sin x+\sin 2x=\dfrac{2\sin^3 x}{1-\cos x}$.

(3) $\dfrac{1-\cos x+\sin x}{1+\cos x+\sin x}=\tan\dfrac{x}{2}$.

(4) $1-\dfrac{\sin^2 x}{1+\cot x}-\dfrac{\cos^2 x}{1+\tan x}=\dfrac{1}{2}\sin 2x$.

(5) $\tan 2\theta+\sec 2\theta=\dfrac{\cos\theta+\sin\theta}{\cos\theta-\sin\theta}$.

(6) $1+\tan(\alpha+\beta)\tan(\alpha-\beta)=\dfrac{\cos 2\beta}{\cos^2\alpha-\sin^2\beta}$.

(7) $\dfrac{1+\sin 2\theta}{\sin\theta+\cos\theta}=\sqrt{2}\sin\left(\dfrac{\pi}{4}+\theta\right).$

(8) $\dfrac{1+\sin A}{1+\cos A}=\dfrac{1}{2}\left(1+\tan\dfrac{A}{2}\right)^2.$

(9) $\tan^2\dfrac{A}{2}=\dfrac{2\sin A-\sin 2A}{2\sin A+\sin 2A}.$

3.3.2 证明下列恒等式:

(1) $\sin 3x\cos^3 x+\cos 3x\sin^3 x=\dfrac{3}{4}\sin 4x.$

(2) $\sin 3x\sin^3 x+\cos 3x\cos^3 x=\cos^3 2x.$

(3) $\cot x+\cot\left(\dfrac{\pi}{3}+x\right)+\cot\left(\dfrac{2\pi}{3}+x\right)=3\cot 3x.$

(4) $\dfrac{\sin 3x+\cos 3x}{\sin 3x-\cos 3x}=\dfrac{1+2\sin 2x}{1-2\sin 2x}\cdot\tan\left(x-\dfrac{\pi}{4}\right).$

(5) $\tan 3x-\tan 2x-\tan x=\tan 3x\tan 2x\tan x.$

(6) $\dfrac{\sin 3x}{\sin x}-\dfrac{\sin 3y}{\sin y}=-4\sin(x+y)\sin(x-y).$

3.3.3 证明下列恒等式:

(1) $\sin^6\theta+\cos^6\theta=\dfrac{5}{8}+\dfrac{3}{8}\cos 4\theta.$

(2) $\sin 5x=5\sin x-20\sin^3 x+16\sin^5 x.$

3.4 应用半角公式证明的恒等式

半角公式是指下列三个公式:

$$\sin\frac{A}{2}=\pm\sqrt{\frac{1-\cos x}{2}},$$

$$\cos\frac{A}{2}=\pm\sqrt{\frac{1+\cos x}{2}},$$

$$\tan\frac{A}{2}=\pm\sqrt{\frac{1-\cos x}{1+\cos x}},$$

其中符号 $\pm$ 的选取依 $\dfrac{A}{2}$ 所在的象限确定. 在恒等变形中它们常常以平方形式出现:

$$\sin^2\frac{A}{2}=\frac{1-\cos x}{2},$$
$$\cos^2\frac{A}{2}=\frac{1+\cos x}{2},$$
$$\tan^2\frac{A}{2}=\frac{1-\cos x}{1+\cos x}.$$

关于正切的半角公式, 还有

$$\tan\frac{A}{2}=\frac{1-\cos A}{\sin A}=\frac{\sin A}{1+\cos A}.$$

其证如下:

$$\tan\frac{A}{2}=\frac{\sin\frac{A}{2}}{\cos\frac{A}{2}}=\frac{2\sin^2\frac{A}{2}}{2\sin\frac{A}{2}\cos\frac{A}{2}}=\frac{1-\cos A}{\sin A},$$

$$\begin{aligned}\frac{1-\cos A}{\sin A}&=\frac{(1-\cos A)(1+\cos A)}{\sin A(1+\cos A)}=\frac{1-\cos^2 A}{\sin A(1+\cos A)}\\&=\frac{\sin^2 A}{\sin A(1+\cos A)}=\frac{\sin A}{1+\cos A}.\end{aligned}$$

注意, 上述公式的优点是不含根号.

例 3.4.1 应用半角公式解例 3.3.2.

解 由刚才所说的正切半角公式得

$$\begin{aligned}右边=\tan\frac{1}{2}\left(x+\frac{\pi}{2}\right)&=\frac{1-\cos\left(x+\frac{\pi}{2}\right)}{\sin\left(x+\frac{\pi}{2}\right)}\\&=\frac{1+\sin x}{\cos x}=\frac{1}{\cos x}+\frac{\sin x}{\cos x}=\sec x+\tan x\end{aligned}$$

$=$左边.

例 3.4.2 证明:

$$\sin\frac{x}{2}=\frac{1}{2}\left(\pm\sqrt{1+\sin x}\pm\sqrt{1-\sin x}\right),$$
$$\cos\frac{x}{2}=\frac{1}{2}\left(\pm\sqrt{1+\sin x}\mp\sqrt{1-\sin x}\right),$$

其中符号 $\pm$ 和 $\mp$ 的选取依 $\frac{x}{2}$ 所在的象限确定.

解 因为

$$\left(\sin\frac{x}{2}+\cos\frac{x}{2}\right)^2=1+\sin x,$$
$$\left(\sin\frac{x}{2}-\cos\frac{x}{2}\right)^2=1-\sin x,$$

所以

$$\sin\frac{x}{2}+\cos\frac{x}{2}=\pm\sqrt{1+\sin x},$$
$$\sin\frac{x}{2}-\cos\frac{x}{2}=\pm\sqrt{1-\sin x}.$$

将此两式分别加、减即得结果. □

注 本例的特点是通过 $\sin x$ 表示 $\frac{x}{2}$ 的正弦和余弦, 困难在于符号的选取. 如果用 I 表示第 4 象限角平分线与第 1 象限角平分线的夹角的内部, 用 II 表示第 1 象限角平分线与第 2 象限角平分线的夹角的内部, 用 III 表示第 2 象限角平分线与第 3 象限角平分线的夹角的内部, 用 IV 表示第 3 象限角平分线与第 4 象限角平分线的夹角的内部, 那么依据 $\sin x\pm\cos x=\sqrt{2}\sin\left(x\pm\frac{\pi}{4}\right)$(见练习题 3.1.1(3))可以验证:

当 $\dfrac{x}{2}$ 的终边 $\in I$ 时,

$$\sin\frac{x}{2}+\cos\frac{x}{2}>0,\quad \sin\frac{x}{2}-\cos\frac{x}{2}<0;$$

当 $\dfrac{x}{2}$ 的终边 $\in II$ 时,

$$\sin\frac{x}{2}+\cos\frac{x}{2}>0,\quad \sin\frac{x}{2}-\cos\frac{x}{2}>0;$$

当 $\dfrac{x}{2}$ 的终边 $\in III$ 时,

$$\sin\frac{x}{2}+\cos\frac{x}{2}<0,\quad \sin\frac{x}{2}-\cos\frac{x}{2}>0;$$

当 $\dfrac{x}{2}$ 的终边 $\in IV$ 时,

$$\sin\frac{x}{2}+\cos\frac{x}{2}<0,\quad \sin\frac{x}{2}-\cos\frac{x}{2}<0.$$

如果考虑角的边, 则上述不等式带等号.

例 3.4.3 设 $(4k-\dfrac{1}{2})\pi<x<(4k+\dfrac{1}{2})\pi\,(k\in\mathbb{Z})$, 则

$$\frac{\cos\dfrac{x}{2}}{\sqrt{1+\sin x}}+\frac{\sin\dfrac{x}{2}}{\sqrt{1-\sin x}}=\sec x.$$

解 我们有 (见例 3.4.2 的解)

$$\left(\sin\frac{x}{2}+\cos\frac{x}{2}\right)^2=1+\sin x,$$
$$\left(\sin\frac{x}{2}-\cos\frac{x}{2}\right)^2=1-\sin x,$$

因为 $\left(4k-\dfrac{1}{2}\right)\pi<x<\left(4k+\dfrac{1}{2}\right)\pi\,(k\in\mathbb{Z})$, 所以 $\dfrac{x}{2}$ 的终边 $\in I$, 于是由例 3.4.2 后的注推出

$$\sin\frac{x}{2}+\cos\frac{x}{2}=\sqrt{1+\sin x},$$

$$\sin\frac{x}{2}-\cos\frac{x}{2}=-\sqrt{1+\sin x},$$

从而

$$\begin{aligned}\sin\frac{x}{2}&=\frac{1}{2}\left(\left(\sin\frac{x}{2}+\cos\frac{x}{2}\right)+\left(\sin\frac{x}{2}-\cos\frac{x}{2}\right)\right)\\&=\frac{1}{2}\left(\sqrt{1+\sin x}+(-\sqrt{1-\sin x})\right)\\&=\frac{1}{2}\left(\sqrt{1+\sin x}-\sqrt{1-\sin x}\right),\\\cos\frac{x}{2}&=\frac{1}{2}\left(\left(\sin\frac{x}{2}+\cos\frac{x}{2}\right)-\left(\sin\frac{x}{2}-\cos\frac{x}{2}\right)\right)\\&=\frac{1}{2}\left(\sqrt{1+\sin x}-(-\sqrt{1-\sin x})\right)\\&=\frac{1}{2}\left(\sqrt{1+\sin x}+\sqrt{1-\sin x}\right).\end{aligned}$$

因此题中要证恒等式的左边等于

$$\begin{aligned}&\frac{1}{2}\cdot\frac{\sqrt{1+\sin x}+\sqrt{1-\sin x}}{\sqrt{1+\sin x}}+\frac{1}{2}\cdot\frac{\sqrt{1+\sin x}-\sqrt{1-\sin x}}{\sqrt{1-\sin x}}\\&=\frac{1}{2}\left(1+\frac{\sqrt{1-\sin x}}{\sqrt{1+\sin x}}+\frac{\sqrt{1+\sin x}}{\sqrt{1-\sin x}}-1\right)\\&=\frac{1}{2}\cdot\frac{1-\sin x+1+\sin x}{\sqrt{\cos^2 x}}\\&=\frac{1}{2}\cdot\frac{2}{|\cos x|}.\end{aligned}$$

最后注意 x 的终边在第 1,4 象限中, 所以上式等于

$$\frac{1}{\cos x}=\sec x=\text{右边}.$$

于是本题得证. □

例 3.4.4 求 x 的取值范围, 使得恒等式

$$\sin\frac{x}{2}=\frac{1}{2}\left(-\sqrt{1+\sin x}+\sqrt{1-\sin x}\right)$$

成立.

解 解法 1 因为

$$\left(\sin\frac{x}{2}+\cos\frac{x}{2}\right)^2=1+\sin x,$$
$$\left(\sin\frac{x}{2}-\cos\frac{x}{2}\right)^2=1-\sin x$$

(参见例 3.4.2 的解), 所以由题中等式可知

$$\sin\frac{x}{2}+\cos\frac{x}{2}=-\sqrt{1+\sin x}\leqslant 0,$$
$$\sin\frac{x}{2}-\cos\frac{x}{2}=\sqrt{1+\sin x}\geqslant 0,$$

因此 $\frac{x}{2}\in III$(参见例 3.4.2 后的注), 从而

$$2k\pi+\frac{5\pi}{4}\geqslant\frac{x}{2}\geqslant 2k\pi+\frac{3\pi}{4}\quad(k\in\mathbb{Z}),$$

于是

$$4k\pi+\frac{5\pi}{2}\geqslant x\geqslant 4k\pi+\frac{3\pi}{2}\quad(k\in\mathbb{Z}),$$

因此 x 的取值范围是

$$(4k+2)\pi+\frac{\pi}{2}\geqslant x\geqslant(4k+1)\pi+\frac{\pi}{2}\quad(k\in\mathbb{Z}).$$

解法 2 同解法 1, 由题中等式可知

$$\sin\frac{x}{2}+\cos\frac{x}{2}=-\sqrt{1+\sin x}\leqslant 0,$$
$$\sin\frac{x}{2}-\cos\frac{x}{2}=\sqrt{1+\sin x}\geqslant 0,$$

由此及练习题 3.1.1(3) 得

$$\sqrt{2}\sin\left(\frac{x}{2}+\frac{\pi}{4}\right)\leqslant 0,\quad \sqrt{2}\sin\left(\frac{x}{2}-\frac{\pi}{4}\right)\geqslant 0,$$

因此 $(2k+2)\pi \geqslant \dfrac{x}{2}+\dfrac{\pi}{4} \geqslant (2k+1)\pi$, 并且 $(2k+1)\pi \geqslant \dfrac{x}{2}-\dfrac{\pi}{4} \geqslant 2k\pi(k\in\mathbb{Z})$, 由此求出所要的不等式. □

练 习 题

3.4.1 (1) 若 $\alpha = 2k\pi + \alpha_0$, 其中 $k\in\mathbb{Z}, 0\leqslant \alpha_0 < 2\pi$, 则

$$\sin\frac{\alpha}{2} = (-1)^k\sqrt{\frac{1-\cos\alpha_0}{2}}.$$

(2) 若 $\alpha = 2k\pi + \alpha_0$, 其中 $k\in\mathbb{Z}, -\pi < \alpha_0 \leqslant \pi$, 则

$$\cos\frac{\alpha}{2} = (-1)^k\sqrt{\frac{1+\cos\alpha_0}{2}}.$$

3.4.2 证明:

(1) $\tan\dfrac{x}{2} = \dfrac{\sin x}{1\pm\sqrt{1-\sin^2 x}} = \dfrac{1\mp\sqrt{1-\sin^2 x}}{\sin x}$.

(2) $\tan\dfrac{x}{2} = \dfrac{-1\pm\sqrt{1+\tan^2 x}}{\tan x}$.

其中符号 $\pm$ 的选取依 $\dfrac{x}{2}$ 所在的象限确定.

3.4.3 若 $450^\circ < A < 630^\circ$, 则

$$\sin\frac{A}{2} = -\frac{1}{2}\left(\sqrt{1+\sin A}+\sqrt{1-\sin A}\right).$$

3.4.4 证明恒等式:

$$2\sin^2 A\sin^2 B + 2\cos^2 A\cos^2 B = 1+\cos 2A\cos 2B.$$

3.4.5 求 A 的取值范围, 使得下列恒等式成立:

$$2\cos A = -\sqrt{1+\sin 2A}+\sqrt{1-\sin 2A}.$$

3.5 应用和积互化公式证明的恒等式

应用和差化积公式可将一个和差形式的三角表达式化成乘积形式, 这种三角恒等变形的目的之一是为便于使用对数. 和差化积公式通常是指下列 4 个公式:

$$\sin A+\sin B=2\sin\frac{A+B}{2}\cos\frac{A-B}{2},$$
$$\sin A-\sin B=2\cos\frac{A+B}{2}\sin\frac{A-B}{2},$$
$$\cos A+\cos B=2\cos\frac{A+B}{2}\cos\frac{A-B}{2},$$
$$\cos A-\cos B=-2\sin\frac{A+B}{2}\sin\frac{A-B}{2}.$$

在正切函数的情形, 则有下面 2 个公式:

$$\tan A\pm\tan B=\frac{\sin(A\pm B)}{\cos A\cos B}.$$

其证明见练习题 3.1.4(1). 上述公式的左边都是同名函数 (正弦、余弦或正切), 对于异名函数 (但同角), 下面 2 个公式也常用于和差化积:

$$\sin A\pm\cos A=\sqrt{2}\sin\left(A\pm\frac{\pi}{4}\right).$$

它们的证明见练习题 3.1.1(3) 或下面例 3.5.1(1).

在进行三角恒等变形时, 有时要将乘积形式的三角表达式化成和差形式 (例如大学数学中某些积分的计算). 积化和差公式有下列 4 个:

$$\sin x\cos y=\frac{1}{2}\big(\sin(x+y)+\sin(x-y)\big),$$

$$\cos x\sin y=\frac{1}{2}\big(\sin(x+y)-\sin(x-y)\big),$$
$$\cos x\cos y=\frac{1}{2}\big(\cos(x+y)+\cos(x-y)\big),$$
$$\sin x\sin y=-\frac{1}{2}\big(\cos(x+y)-\cos(x-y)\big).$$

上面这两组公式应用广泛, 也很灵活. 下面给出一些例子.

例 3.5.1 和差化积公式的一些简单应用.

(1) 由余弦和差化积公式立即推出:

$$\begin{aligned}\cos x+\sin y&=\cos x+\cos\left(\frac{\pi}{2}-y\right)\\&=2\cos\left(\frac{\pi}{4}+\frac{x-y}{2}\right)\cos\left(\frac{\pi}{4}-\frac{x+y}{2}\right).\end{aligned}$$

当 $x=y$ 时, 有

$$\sin x+\cos x=\sqrt{2}\cos\left(x-\frac{\pi}{4}\right)=\sqrt{2}\sin\left(x+\frac{\pi}{4}\right).$$

类似地, 可得

$$\sin x-\cos x=-\sqrt{2}\cos\left(x+\frac{\pi}{4}\right)=\sqrt{2}\sin\left(x-\frac{\pi}{4}\right)$$

(参见练习题 3.1.1(3)).

(2) 由正弦、余弦的和差化积公式还可推出:

$$\frac{\sin x+\sin y}{\cos x+\cos y}=\frac{2\sin\dfrac{x+y}{2}\cos\dfrac{x-y}{2}}{2\cos\dfrac{x+y}{2}\cos\dfrac{x-y}{2}}=\tan\frac{x+y}{2}.$$

类似地, 可得

$$\frac{\cos x+\cos y}{\cos x-\cos y}=-\frac{\cot\dfrac{x+y}{2}}{\tan\dfrac{x-y}{2}},$$

$$\frac{\sin x+\sin y}{\sin x-\sin y}=\frac{\tan\dfrac{x+y}{2}}{\tan\dfrac{x-y}{2}}.$$

(3) 由正切的和差化积公式可推出:

$$1+\tan x=\tan\frac{\pi}{4}+\tan x=\frac{\sqrt{2}\sin\left(\dfrac{\pi}{4}+x\right)}{\cos x},$$
$$1-\tan x=\tan\frac{\pi}{4}-\tan x=\frac{\sqrt{2}\sin\left(\dfrac{\pi}{4}-x\right)}{\cos x}.$$

(4) 还有下面常见结果:

$$\begin{aligned}1+\sin x=\sin\frac{\pi}{2}+\sin x&=2\sin\left(\frac{\pi}{4}+x\right)\cos\left(\frac{\pi}{4}-x\right)\\&=2\sin^2\left(\frac{\pi}{4}+x\right)\\&=2\cos^2\left(\frac{\pi}{4}-x\right).\end{aligned}$$

以及

$$1-\sin x=2\sin^2\left(\frac{\pi}{4}-x\right)=2\cos^2\left(\frac{\pi}{4}+x\right).$$ □

例 3.5.2 证明:

(1) $\sin 4x=2\sin x\cos 3x+\sin 2x$.

(2) $4\sin x\cos^2 x=\sin x+\sin 3x$.

解 (1) 应用和差化积公式, 得

$$\sin 4x-\sin 2x=2\cos\frac{4x+2x}{2}\sin\frac{4x-2x}{2}=2\sin x\cos 3x,$$

所以

$$\sin 4x=2\sin x\cos 3x+\sin 2x.$$

(2) 先将左边化为 $2(2\sin x\cos x)\cos x=2\sin 2x\cos x$, 应用积化和差公式, 得

$$\begin{aligned}2\sin 2x\cos x&=2\cdot\frac{1}{2}\big(\sin(2x+x)+\sin(2x-x)\big)\\&=\sin x+\sin 3x\\&=\text{右边}.\end{aligned}$$

或者

$$\begin{aligned}\text{左边}&=4\sin x\cdot\frac{1+\cos 2x}{2}=2\sin x+2\sin x\cos 2x\\&=2\sin x+2\cdot\frac{1}{2}\big(\sin(x+2x)+\sin(x-2x)\big)\\&=2\sin x+\sin 3x-\sin x=\sin x+\sin 3x\\&=\text{右边}.\end{aligned}$$

□

例 3.5.3 证明:

$$\cos^2\left(x+\frac{\pi}{12}\right)+\cos^2\left(x-\frac{\pi}{12}\right)=1+\frac{\sqrt{3}}{2}\cos 2x.$$

解 首先应用余弦倍角公式, 然后应用和差化积公式, 得

$$\begin{aligned}\text{左边}&=\frac{1}{2}\left(1+\cos\left(2x+\frac{\pi}{6}\right)\right)+\frac{1}{2}\left(1+\cos\left(2x-\frac{\pi}{6}\right)\right)\\&=1+\frac{1}{2}\left(\cos\left(2x+\frac{\pi}{6}\right)+\cos\left(2x-\frac{\pi}{6}\right)\right)\\&=1+\cos 2x\cos\frac{\pi}{6}=1+\frac{\sqrt{3}}{2}\cos 2x\\&=\text{右边}.\end{aligned}$$

□

例 3.5.4 证明:

$$\frac{\sin x\sin 2x+\sin 3x\sin 6x}{\sin x\cos 2x+\sin 3x\cos 6x}=\tan 5x.$$

解 首先应用积化和差公式, 得

$$\begin{aligned}\text{左边}&=\frac{-\dfrac{1}{2}(\cos 3x-\cos x)-\dfrac{1}{2}(\cos 9x-\cos 3x)}{\dfrac{1}{2}(\sin 3x-\sin x)+\dfrac{1}{2}(\sin 9x-\sin 3x)}\\&=\frac{\cos x-\cos 9x}{\sin 9x-\sin x},\end{aligned}$$

然后应用和差化积公式, 可知上式等于 $\dfrac{-2\sin 5x\sin(-4x)}{2\cos 5x\sin 4x}=\tan 5x=$右边. □

例 3.5.5 证明:

$$\begin{aligned}&\sin x+\cos x+\sin 2x+\cos 2x+\sin 3x+\cos 3x\\&\quad=4\sqrt{2}\cos\left(\frac{x}{2}+\frac{\pi}{6}\right)\cos\left(\frac{x}{2}-\frac{\pi}{6}\right)\cos\left(2x-\frac{\pi}{4}\right).\end{aligned}$$

解 将左边分组并且应用和差化积公式得

$$\begin{aligned}\text{左边}&=(\sin x+\sin 3x)+(\cos x+\cos 3x)+\sin 2x+\cos 2x\\&=2\sin 2x\cos x+2\cos 2x\cos x+\sin 2x+\cos 2x\\&=(2\sin 2x\cos x+\sin 2x)+(2\cos 2x\cos x+\cos 2x)\\&=2\sin 2x\left(\cos x+\frac{1}{2}\right)+2\cos 2x\left(\cos x+\frac{1}{2}\right)\\&=2(\sin 2x+\cos 2x)\left(\cos x+\frac{1}{2}\right)\\&=2(\sin 2x+\cos 2x)\left(\cos x+\cos\frac{\pi}{3}\right)\\&=2\sqrt{2}\cos\left(2x-\frac{\pi}{4}\right)\cos\left(\frac{x}{2}-\frac{\pi}{6}\right)\cos\left(2x-\frac{\pi}{4}\right)\\&=\text{右边}\end{aligned}$$

(最后一步应用了例 3.5.1(1) 中的公式). □

例 3.5.6 证明:

$$\frac{\cos x}{1-\sin x}+\frac{\cos y}{1-\sin y}=\frac{2(\sin x-\sin y)}{\sin(x-y)+\cos x-\cos y}.$$

分析 因为直观上两边表达式的联系不很明显, 特别是右边的表达式较复杂, 所以尝试分别变换两边.

解 首先变换左边:

$$\begin{aligned}
左边&=\frac{\cos^2\dfrac{x}{2}-\sin^2\dfrac{x}{2}}{\left(\cos\dfrac{x}{2}-\sin\dfrac{x}{2}\right)^2}+\frac{\cos^2\dfrac{y}{2}-\sin^2\dfrac{y}{2}}{\left(\cos\dfrac{y}{2}-\sin\dfrac{y}{2}\right)^2}\\
&\qquad\text{(注: 参见例 3.3.2 后的注)}\\
&=\frac{\cos\dfrac{x}{2}+\sin\dfrac{x}{2}}{\cos\dfrac{x}{2}-\sin\dfrac{x}{2}}+\frac{\cos\dfrac{y}{2}+\sin\dfrac{y}{2}}{\cos\dfrac{y}{2}-\sin\dfrac{y}{2}},
\end{aligned}$$

上式通分并化简后, 等于

$$\begin{aligned}
&\frac{2\cos\dfrac{x}{2}\cos\dfrac{y}{2}-2\sin\dfrac{x}{2}\sin\dfrac{y}{2}}{\cos\dfrac{x}{2}\cos\dfrac{y}{2}+\sin\dfrac{x}{2}\sin\dfrac{y}{2}-\sin\dfrac{x}{2}\cos\dfrac{y}{2}-\cos\dfrac{x}{2}\sin\dfrac{y}{2}}\\
=&\frac{2\cos\dfrac{x+y}{2}}{\cos\dfrac{x-y}{2}-\sin\dfrac{x+y}{2}}.
\end{aligned}$$

现在变换右边:

$$\begin{aligned}
右边分子&=2\cos\frac{x+y}{2}\sin\frac{x-y}{2},\\
右边分母&=2\sin\frac{x-y}{2}\cos\frac{x-y}{2}-2\sin\frac{x+y}{2}\sin\frac{x-y}{2}
\end{aligned}$$

$$= 2\sin\frac{x-y}{2}\left(\cos\frac{x-y}{2} - \sin\frac{x+y}{2}\right),$$

因此

$$右边 = \frac{2\cos\dfrac{x+y}{2}}{\cos\dfrac{x-y}{2} - \sin\dfrac{x+y}{2}}.$$

于是本题得证. □

注 以下是一种变通的解法: 如上得到左边 $= \dfrac{2\cos\dfrac{x+y}{2}}{\cos\dfrac{x-y}{2} - \sin\dfrac{x+y}{2}}$ 后, 继续将它变形为

$$\begin{aligned}&\frac{2\cos\dfrac{x+y}{2}}{\cos\dfrac{x-y}{2} - \sin\dfrac{x+y}{2}} \cdot \frac{2\sin\dfrac{x-y}{2}}{2\sin\dfrac{x-y}{2}}\\ &= \frac{2(\sin x - \sin y)}{\sin(x-y) + \cos x - \cos y} = 右边.\end{aligned}$$

类似的技巧还可见练习题 3.5.1(8).

例 3.5.7 应用和差化积公式解例 3.2.1.

分析 如同例 3.5.5, 关键是将右边的表达式适当分组.

解 将右边分组为

$$\begin{aligned}&\sin(\alpha+\beta-\gamma) + \sin(\alpha-\beta+\gamma)\\ &+ \sin(-\alpha+\beta+\gamma) - \sin(\alpha+\beta+\gamma)\\ &\quad = \Big(\sin\big(\alpha + (\beta-\gamma)\big) + \sin\big(\alpha - (\beta-\gamma)\big)\Big)\\ &\qquad + \Big(\sin\big((\beta+\gamma) - \alpha\big) - \sin\big((\beta+\gamma) + \alpha\big)\Big),\end{aligned}$$

然后应用和差化积公式将上式化为

$$\begin{aligned}&2\sin\alpha\cos(\beta-\gamma)+2\cos(\beta+\gamma)\sin(-\alpha)\\&\quad=2\sin\alpha\big(\cos(\beta-\gamma)-\cos(\beta+\gamma)\big)\\&\quad=2\sin\alpha\big(-2\sin\beta\sin(-\gamma)\big)=4\sin\alpha\sin\beta\sin\gamma.\end{aligned}$$

于是本题得证 (此解法要比例 3.2.1 的解法简单些). □

例 3.5.8 应用和积互化公式解例 3.1.1.

解 (1) 解法 1 应用和差化积公式, 由右边推出左边.

$$\begin{aligned}\sin^2x-\sin^2y&=(\sin x+\sin y)(\sin x-\sin y)\\&=2\sin\frac{x+y}{2}\cos\frac{x-y}{2}\cdot2\cos\frac{x+y}{2}\sin\frac{x-y}{2}\\&=\left(2\sin\frac{x+y}{2}\cos\frac{x+y}{2}\right)\left(2\sin\frac{x-y}{2}\cos\frac{x-y}{2}\right)\\&=\sin(x+y)\sin(x-y).\end{aligned}$$

解法 2 应用积化和差公式, 由左边推出右边.

$$\begin{aligned}&\sin(x+y)\sin(x-y)\\&=-\frac{1}{2}\Big(\cos\big((x+y)+(x-y)\big)-\cos\big((x+y)-(x-y)\big)\Big)\\&=-\frac{1}{2}(\cos2x-\cos2y)\\&=-\frac{1}{2}\big((1-2\sin^2x)-(1-2\sin^2y)\big)\\&=-\frac{1}{2}\cdot2(-\sin^2x+\sin^2y)=\sin^2x-\sin^2y.\end{aligned}$$

(2) 解法与本题 (1) 类似, 留待读者完成. □

练 习 题

3.5.1 证明下列恒等式:

(1) $\sin x\cos^3 x=\dfrac{1}{4}\sin 2x+\dfrac{1}{8}\sin 4x$.

(2) $\sin 3x=4\sin x\sin\left(\dfrac{\pi}{3}+x\right)\sin\left(\dfrac{\pi}{3}-x\right)$.

(3) $\cos x+\cos 3x+\cos 5x+\cos 7x=4\cos x\cos 2x\cos 4x$.

(4) $\dfrac{\cos 2x\cos 3x-\cos 2x\cos 7x+\cos x\cos 10x}{\sin 4x\sin 3x-\sin 2x\sin 5x+\sin 4x\sin 7x}=\cot 6x\cot 5x$.

(5) $\dfrac{2\sin x}{\cos x+\cos 3x}=\tan 2x-\tan x$.

(6) $\sin x\sin(x+2y)-\sin y\sin(y+2x)=\sin(x-y)\sin(x+y)$.

(7) $\dfrac{\sin 2x+\cos 2y}{\sin 2x-\cos 2y}=\dfrac{\tan(x+y+45^\circ)}{\tan(x-y-45^\circ)}$.

(8) $\dfrac{\sin(x+z)-\sin x}{\sin(y+z)-\sin y}=\dfrac{2\cos\dfrac{x+z}{2}\cos\dfrac{x}{2}-\cos\dfrac{z}{2}}{2\cos\dfrac{y+z}{2}\cos\dfrac{y}{2}-\cos\dfrac{z}{2}}$.

3.5.2 证明:

(1) $\sin x+\sin y+\sin z-\sin(x+y+z)=4\sin\dfrac{x+y}{2}\sin\dfrac{y+z}{2}$
$\cdot\sin\dfrac{z+x}{2}$.

(2) $\dfrac{\sin(x-y)}{\sin x\sin y}+\dfrac{\sin(y-z)}{\sin y\sin z}+\dfrac{\sin(z-x)}{\sin z\sin x}=0$.

(3) $\sin(x-y)+\sin(y-z)+\sin(z-x)=-4\sin\dfrac{x-y}{2}\sin\dfrac{y-z}{2}$
$\cdot\sin\dfrac{z-x}{2}$.

(4) $\dfrac{1}{\sin(x-y)\sin(x-z)}+\dfrac{1}{\sin(y-z)\sin(y-x)}+\dfrac{1}{\sin(z-x)}$
$\cdot\dfrac{1}{\sin(z-y)}=\dfrac{1}{2\cos\dfrac{x-y}{2}\cos\dfrac{y-z}{2}\cos\dfrac{z-x}{2}}$.

3.5.3 证明:

(1) $\cos(120°+\theta)\cos(120°-\theta)+\cos(120°+\theta)\cos\theta$ $+\cos(120°-\theta)\cos\theta=-\dfrac{3}{4}$.

(2) $\tan(\theta+60°)\tan(\theta-60°)+\tan\theta\tan(\theta+60°)+\tan\theta$ $\cdot\tan(\theta-60°)=-3$.

3.5.4 应用和差化积公式解练习题 3.2.2(1).

3.6 辅助角

在和差化积问题中, 有些和差形式的表达式不能直接应用和差化积公式, 但引进适当的辅助角后就可容易地将它们化为乘积形式. 这里给出几种常见的引进辅助角的方法.

$1°$ $a\sin x+b\cos x$ (a,b 是非零实数)

在直角坐标系中, 设点 M 的坐标是 $(a,b),a,b\neq 0$, 并记 $r=\sqrt{a^2+b^2}$. 那么存在唯一的 $\theta\in(0,2\pi)$ 使得

$$a=r\cos\theta,\quad b=r\sin\theta,$$

从而

$$a\sin x+b\cos x=r\sin x\cos\theta+r\cos x\sin\theta=r\sin(x+\theta).$$

注 上面这种变形常用于有关振动的问题中. 若考虑点 $N(b,a)$, 令

$$b=r\cos\theta,\quad a=r\sin\theta\quad(0<\theta<2\pi),$$

则

$$a\sin x+b\cos x=r\sin x\sin\theta+r\cos x\cos\theta=r\cos(x-\theta).$$

2° $a\pm b$ $(a,b$ 是非零实数$)$

引进角 $\alpha:\tan\alpha=\dfrac{b}{a},0<\theta<2\pi$, 则

$$\begin{aligned}a\pm b&=a\left(1\pm\frac{b}{a}\right)=a(1\pm\tan\alpha)=a\left(\tan\frac{\pi}{4}\pm\tan\alpha\right)\\&=a\cdot\frac{\sin\left(\dfrac{\pi}{4}\pm\alpha\right)}{\cos\dfrac{\pi}{4}\cos\alpha}=\frac{\sqrt{2}a\sin\left(\dfrac{\pi}{4}\pm\alpha\right)}{\cos\alpha}.\end{aligned}$$

3° a^2-b^2 $(a,b$ 是非零实数$,|b|<|a|)$

若引进角 $\alpha:\sin\alpha=\dfrac{b}{a},0<\theta<2\pi$, 则

$$a^2-b^2=a^2(1-\sin^2\alpha)=a^2\cos^2\alpha.$$

若引进角 $\beta:\cos\beta=\dfrac{b}{a},0<\theta<2\pi$, 则

$$a^2-b^2=b^2(1-\cos^2\beta)=a^2\sin^2\beta,$$

或者

$$a^2-b^2=b^2\left(\frac{a^2}{b^2}-1\right)=b^2(\sec^2\beta-1)=b^2\tan^2\beta.$$

4° a^2+b^2 $(a,b$ 是非零实数$)$

引进角 $\alpha:\tan\alpha=\dfrac{b}{a},0<\theta<2\pi$, 则

$$a^2+b^2=a^2\sec^2\alpha.$$

下面给出几个实例.

例 3.6.1 将下列二式化为乘积形式:

(1) $\sqrt{3}\sin x+\cos x$.

(2) $2\sin x-3\cos x$.

解 (1) 我们有

$$\begin{aligned}\sqrt{3}\sin x+\cos x&=2\left(\frac{\sqrt{3}}{2}\sin x+\frac{1}{2}\cos x\right)\\&=2\left(\sin x\cos\frac{\pi}{6}+\cos x\sin\frac{\pi}{6}\right)\\&=2\sin\left(x+\frac{\pi}{6}\right).\end{aligned}$$

(2) 取 $r=\sqrt{2^2+(-3)^2}=\sqrt{13}$, 参照本题 (1), 则有

$$2\sin x-3\cos x=\sqrt{13}\left(\frac{2}{\sqrt{13}}\sin x-\frac{3}{\sqrt{13}}\cos x\right).$$

取 α 满足

$$\cos\alpha=\frac{2}{\sqrt{13}},\quad \sin\alpha=\frac{3}{\sqrt{13}}$$

(因此 $\alpha=56^\circ18'$), 即得

$$\begin{aligned}2\sin x-3\cos x&=\sqrt{13}(\sin x\cos\alpha-\cos x\sin\alpha)\\&=\sqrt{13}\sin(x-\alpha).\end{aligned}$$

或者取

$$\cos\alpha'=\frac{2}{\sqrt{13}},\quad \sin\alpha'=\frac{-3}{\sqrt{13}},$$

则

$$2\sin x-3\cos x=\sqrt{13}\sin(x+\alpha'),$$

$\alpha' = 360^\circ - \alpha$, 实际上结果一样. □

例 3.6.2 把余弦定理中的表达式

$$f = a^2 + b^2 - 2ab\cos C$$

化成积的形式.

解 这里给出 3 种解法.

解法 1 当 $a = b$ 时,

$$f = 2a^2(1 - \cos C) = 4a^2 \sin^2 \frac{C}{2}.$$

下面设 $a \neq b$. 注意 $\cos C = \cos^2 \frac{C}{2} - \sin^2 \frac{C}{2}$, 我们有

$$\begin{aligned}
f &= (a^2 + b^2)\left(\sin^2 \frac{C}{2} + \cos^2 \frac{C}{2}\right) - 2ab\left(\cos^2 \frac{C}{2} - \sin^2 \frac{C}{2}\right) \\
&= (a+b)^2 \sin^2 \frac{C}{2} + (a-b)^2 \cos^2 \frac{C}{2} \\
&= (a-b)^2 \cos^2 \frac{C}{2}\left(1 + \left(\frac{a+b}{a-b}\tan\frac{C}{2}\right)^2\right).
\end{aligned}$$

因为正切函数的值域是全体实数, 所以可用下式定义辅助角 θ:

$$\tan\theta = \frac{a+b}{a-b}\tan\frac{C}{2},$$

即得

$$f = (a-b)^2 \cos^2 \frac{C}{2} \sec^2 \theta.$$

解法 2 注意 $\cos C = 2\cos^2 \frac{C}{2} - 1$, 我们有

$$f = (a+b)^2 - 2ab - 2ab\left(2\cos^2 \frac{C}{2} - 1\right)$$

$$
\begin{aligned}
&=(a+b)^2-4ab\cos^2\frac{C}{2}\\
&=(a+b)^2\left(1-\frac{4ab}{(a+b)^2}\cos^2\frac{C}{2}\right).
\end{aligned}
$$

因为 $a>0,b>0$, 所以 $2\sqrt{ab}\leqslant a+b$, 因而

$$
0<\frac{4ab}{(a+b)^2}\cos^2\frac{C}{2}\leqslant 1,
$$

于是可按下式定义辅助角 θ:

$$
\sin^2\theta=\frac{4ab}{(a+b)^2}\cos^2\frac{C}{2},
$$

即得

$$
f=(a+b)^2\cos^2\theta.
$$

解法 3　不妨认为 $a\neq b$(对于 $a=b$ 的情形, 参见解法 1). 注意 $\cos C=1-2\sin^2\dfrac{C}{2}$, 我们有

$$
\begin{aligned}
f&=(a-b)^2+2ab-2ab\left(1-2\sin^2\frac{C}{2}\right)\\
&=(a-b)^2+4ab\sin^2\frac{C}{2}\\
&=(a-b)^2\left(1+\frac{4ab}{(a-b)^2}\sin^2\frac{C}{2}\right).
\end{aligned}
$$

引进辅助角 θ:

$$
\tan^2\theta=\frac{4ab}{(a-b)^2}\sin^2\frac{C}{2},
$$

即得

$$
f=(a-b)^2\sec^2\theta.
$$

请读者比较三种解法中引进辅助角的差别. □

练 习 题

3.6.1 (1) 如果非零实数 a,b 同号, 则存在 α, 使得

$$a+b=a\sec^2\alpha,\quad a-b=\frac{a\cos 2\alpha}{\cos^2\alpha}.$$

(2) 如果实数 a,b 满足 $a+b\neq 0$, 则存在 α, 使得

$$\frac{a-b}{a+b}=\tan\left(\frac{\pi}{4}-\alpha\right).$$

3.6.2 证明:

$$(1+\sqrt{3})\cos x+(1-\sqrt{3})\sin x=2\sqrt{2}\cos(x+15^\circ).$$

3.6.3 设 $F=a\cos^2\theta+2b\sin\theta\cos\theta+c\sin^2\theta$, 其中 a,b,c 是实数,$b\neq 0$. 令

$$m=\frac{a-c}{2},\quad \tan\alpha=\frac{m}{b},$$

则

$$P=\frac{a+c}{2}+\sqrt{m^2+b^2}\sin(2\theta+\alpha).$$

3.7 综合性恒等式

下面给出一些较复杂的三角恒等式的例子, 它们的证明综合应用了上面各种公式或技巧.

例 3.7.1 证明:

$$\cot^2 2x-\tan^2 2x-8\cos 4x\cot 4x=\frac{8\cos 4x\sin^2\left(\frac{\pi}{4}-4x\right)}{\sin^2 4x}.$$

分析 两边的表达式比较复杂, 为便于看出解题思路, 我们试图将它们“统一”到 (变量 $4x$ 的) 正弦和余弦函数. 为此, 首先考虑“去分母”.

解 首先将要证的恒等式两边同时乘以 $\sin^2 4x$, 所得 (待证) 恒等式的左边等于

$$\begin{aligned}
&\sin^2 4x(\cot^2 2x-\tan^2 2x-8\cos 4x\cot 4x)\\
&\quad=\sin^2 4x\cot^2 2x-\sin^2 4x\tan^2 2x-8\sin^2 4x\cos 4x\cot 4x\\
&\quad=4\sin^2 2x\cos^2 2x\cot^2 2x-4\sin^2 2x\cos^2 2x\tan^2 2x\\
&\qquad-8\sin^2 4x\cos 4x\cot 4x\\
&\quad=4\cos^4 2x-4\sin^4 2x-8\sin 4x\cos^2 4x\\
&\quad=4(\cos^4 2x-4\sin^4 2x)-8\sin 4x\cos^2 4x\\
&\quad=4(\cos^2 2x+\sin^2 2x)(\cos^2 2x-\sin^2 2x)-8\sin 4x\cos^2 4x\\
&\quad=4(\cos^2 2x-\sin^2 2x)-8\sin 4x\cos^2 4x\\
&\quad=4\cos 4x-8\sin 4x\cos^2 4x\\
&\quad=4\cos 4x(1-2\sin 4x\cos 4x)\\
&\quad=4\cos 4x(1-\sin 8x).
\end{aligned}$$

对于 (待证) 恒等式的右边, 应用公式

$$\sin x-\cos x=\sqrt{2}\sin\left(x-\frac{\pi}{4}\right)$$

(见例 3.5.1(1)), 可知它等于

$$
\begin{aligned}
&8\cos 4x\cdot\left(\frac{1}{\sqrt{2}}\right)^2(\sin 4x-\cos 4x)^2\\
&\quad=4\cos 4x(\sin^2 4x-2\sin 4x\cos 4x+\cos^2 4x)\\
&\quad=4\cos 4x(1-\sin 8x).
\end{aligned}
$$

因此题中要证的恒等式成立. □

例 3.7.2 证明:

$$
(1-\sin x)(1-\sin y)=\left(\sin\frac{x+y}{2}-\cos\frac{x-y}{2}\right)^2.
$$

分析 右边比左边复杂, 但展开后易用半角公式及和积互化公式处理, 所以从右边入手.

解 将右边展开得

$$
\begin{aligned}
&\sin^2\frac{x+y}{2}+\cos^2\frac{x-y}{2}-2\sin\frac{x+y}{2}\cos\frac{x-y}{2}\\
&=\frac{1}{2}\big(1-\cos(x+y)\big)+\frac{1}{2}\big(1+\cos(x-y)\big)-(\sin x+\sin y)\\
&=1-\sin x-\sin y+\frac{1}{2}\big(\cos(x-y)-\cos(x+y)\big)\\
&=1-\sin x-\sin y+\sin x\sin y\\
&=(1-\sin x)-\sin y(1-\sin x)\\
&=(1-\sin x)(1-\sin y)\\
&=\text{左边}.
\end{aligned}
$$

□

例 3.7.3 证明:

$$
\sin^2 x+\sin^2 y+\sin^2 z+2\sin x\sin y\sin z
$$

$$=2+4\sin\frac{x+y+z}{2}\sin\frac{x-y+z}{2}\sin\frac{x+y-z}{2}\sin\frac{-x+y+z}{2}.$$

解 对 $\sin^2 x$ 和 $\sin^2 y$ 应用半角公式, 并将 $\cos x\cos y$ 化为和差形式, 得

$$\begin{aligned}&\frac{1}{2}(1-\cos 2x)+\frac{1}{2}(1-\cos 2y)+(1-\cos^2 z)\\&\quad+\big(\cos(x+y)+\cos(x-y)\big)\cos z\\&\quad=2-\frac{1}{2}\big(\cos 2x+\cos 2y\big)-\cos^2 z+\cos(x+y)\cos z\\&\qquad+\cos(x-y)\cos z\\&\quad=2-\cos(x+y)\cos(x-y)-\cos^2 z+\cos(x+y)\cos z\\&\qquad+\cos(x-y)\cos z,\end{aligned}$$

将上面最后一式的后 4 项进行分组分解, 然后应用和差化积公式, 得知上式等于

$$\begin{aligned}&2-\big(\cos(x+y)-\cos z\big)\big(\cos(x-y)-\cos z\big)\\&\quad=2-4\sin\frac{x+y+z}{2}\sin\frac{x+y-z}{2}\sin\frac{x-y+z}{2}\sin\frac{x-y-z}{2}.\end{aligned}$$

最后, 注意 $\sin\frac{x-y-z}{2}=-\sin\frac{-x+y+z}{2}$, 即知它等于原式右边. □

例 3.7.4 证明:

$$\cos^7 x=\frac{1}{64}\cos 7x+\frac{7}{64}\cos 5x+\frac{21}{64}\cos 3x+\frac{35}{64}\cos x.$$

分析 因为我们熟悉的公式中, 余弦的三倍角公式出现 $\cos^3 x$, 而 $\cos^7 x=\cos^{3\cdot 2+1}x=(\cos^3 x)^2\cos x$, 所以从余弦的三倍角公式入手.

解 因为 $\cos 3x = 4\cos^3 x - 3\cos x$, 所以

$$4\cos^3 x = \cos 3x + 3\cos x,$$

两边平方得

$$16\cos^6 x = \cos^2 3x + 6\cos 3x\cos x + 9\cos^2 x.$$

用 2 乘此式两边, 应用半角公式及积化和差公式, 并整理得到

$$\begin{aligned}32\cos^6 x &= (1+\cos 6x) + 6(\cos 4x + \cos 2x) + 9(1+\cos 2x)\\ &= \cos 6x + 6\cos 4x + 15\cos 2x + 10.\end{aligned}$$

两边再乘以 $2\cos x$, 并且积化和差, 即得

$$\begin{aligned}64\cos^7 x &= 2\cos 6x\cos x + 12\cos 4x\cos x\\ &\quad + 30\cos 2x\cos x + 20\cos x\\ &= \cos 7x + \cos 5x + 6\cos 5x + 6\cos 3x\\ &\quad + 15\cos 3x + 15\cos x + 20\cos x\\ &= \cos 7x + 7\cos 5x + 21\cos 3x + 35\cos x.\end{aligned}$$

于是本题得证. □

注 本题的另一种解法见例 5.3.3(及练习题 5.3.1(2)).

例 3.7.5 设 A, B, C 是一个三角形的三个内角, 即 $A + B + C = \pi$, 证明:

$$\sin A + \sin B - \sin C = 4\sin\frac{A}{2}\sin\frac{B}{2}\cos\frac{C}{2}.$$

解 因为 $\sin C=\sin\big(\pi-(A+B)\big)=\sin(A+B)$, 所以

$$\begin{aligned}左边&=2\sin\frac{A+B}{2}\cos\frac{A-B}{2}-2\sin\frac{A+B}{2}\cos\frac{A+B}{2}\\&=2\sin\frac{A+B}{2}\Big(\cos\frac{A-B}{2}-\cos\frac{A+B}{2}\Big),\end{aligned}$$

注意

$$\sin\frac{A+B}{2}=\sin\frac{\pi-C}{2}=\sin\left(\frac{\pi}{2}-\frac{C}{2}\right)=\cos\frac{C}{2},$$

可知上式等于

$$\begin{aligned}&2\cos\frac{C}{2}\left(\cos\frac{A-B}{2}-\cos\frac{A+B}{2}\right)\\&=2\cos\frac{C}{2}\left(-2\sin\frac{A}{2}\sin\frac{-B}{2}\right)\\&=4\sin\frac{A}{2}\sin\frac{B}{2}\cos\frac{C}{2}=右边.\end{aligned}$$

□

注 在附有条件 $A+B+C=\pi$ 时, 常应用诱导公式.

例 3.7.6 若 A,B,C 是一个三角形的三个内角, 则

$$\sin^2 A+\sin^2 B-\sin^2 C=2\sin A\sin B\cos C,$$

$$\cos^2 A+\cos^2 B-\sin^2 C=-2\cos A\cos B\cos C.$$

解 解法 1 第一式的左边等于

$$\begin{aligned}&\sin^2 A+(\sin^2 B-\sin^2 C)\\&=\sin^2 A+\sin(B+C)\sin(B-C)\quad(见例\ 3.1.1)\\&=\sin^2 A+\sin(\pi-A)\sin(B-C)\end{aligned}$$

$$
\begin{aligned}
&=\sin^2 A+\sin A\sin(B-C)\\
&=\sin A\big(\sin A+\sin(B-C)\big)\\
&=\sin A\cdot 2\sin\frac{A+B-C}{2}\cos\frac{A-B+C}{2}\\
&=2\sin A\sin\frac{(A+B+C)-2C}{2}\cos\frac{(A+B+C)-2B}{2}\\
&=2\sin A\sin\frac{\pi-2C}{2}\cos\frac{\pi-2B}{2}\\
&=2\sin A\cos C\sin B=\text{右边}.
\end{aligned}
$$

注意, 最后两步也可按如下推导:

$$
\begin{aligned}
&\sin A\big(\sin A+\sin(B-C)\big)\\
&\quad=\sin A\big(\sin(B+C)+\sin(B-C)\big),
\end{aligned}
$$

然后展开 $\sin(B+C)$ 和 $\sin(B-C)$, 可知上式等于 $2\sin A\sin B\cdot\cos C$.

类似地, 第二式的左边等于

$$
\begin{aligned}
&\cos^2 A+(\cos^2 B-\sin^2 C)\\
&\quad=\cos^2 A+\cos(B+C)\cos(B-C)\quad(\text{见例 3.1.1})\\
&\quad=\cos^2 A+\cos(\pi-A)\cos(B-C)\\
&\quad=\cos^2 A-\cos A\cos(B-C)\\
&\quad=\cos A\big(\cos A-\cos(B-C)\big)\\
&\quad=-2\cos A\sin\frac{A+B-C}{2}\sin\frac{A-B+C}{2}\\
&\quad=-2\cos A\cos C\cos B
\end{aligned}
$$

$=$右边.

解法 2 记

$$F=\sin^2 A+\sin^2 B-\sin^2 C-2\sin A\sin B\cos C,$$
$$G=\cos^2 A+\cos^2 B-\sin^2 C+2\cos A\cos B\cos C.$$

那么

$$\begin{aligned}F+G&=2+2\cos C(\cos A\cos B-\sin A\sin B)-2\sin^2 C\\&=2+2\cos C\cos(A+B)-2\sin^2 C\\&=2+2\cos C\cos(\pi-C)-2\sin^2 C\\&=2(1-\cos^2 C-\sin^2 C)=0.\\F-G&=-(\cos^2 A-\sin^2 A)-(\cos^2 B-\sin^2 B)\\&\quad-2\cos C(\sin A\sin B+\cos A\cos B)\\&=-\cos 2A-\cos 2B-2\cos C\cos(A-B)\\&=-2\cos(A+B)\cos(A-B)-2\cos C\cos(A-B)\\&=-2\cos(A+B)\cos(A-B)\\&\quad-2\cos\big(\pi-(A+B)\big)\cos(A-B)\\&=-2\cos(A+B)\cos(A-B)+2\cos(A+B)\cos(A-B)\\&=0.\end{aligned}$$

因此 $F=G=0$, 从而本题得证. □

例 3.7.7 若 A,B,C 是一个三角形的三个内角, 则

$$\cot\frac{A}{2}+\cot\frac{B}{2}+\cot\frac{C}{2}=\cot\frac{A}{2}\cot\frac{B}{2}\cot\frac{C}{2}$$

解 这里给出了两个解法, 其中解法 2 比较简单, 也比较特殊.

解法 1 这是通常的解法.

$$\begin{aligned}
\text{左边}&=\frac{\cos\frac{A}{2}}{\sin\frac{A}{2}}+\frac{\cos\frac{B}{2}}{\sin\frac{B}{2}}+\cot\frac{C}{2}\\
&=\frac{\cos\frac{A}{2}\sin\frac{B}{2}+\cos\frac{B}{2}\sin\frac{A}{2}}{\sin\frac{A}{2}\sin\frac{B}{2}}+\cot\frac{C}{2}\\
&=\frac{\sin\left(\frac{A}{2}+\frac{B}{2}\right)}{\sin\frac{A}{2}\sin\frac{B}{2}}+\cot\frac{C}{2},
\end{aligned}$$

注意 $\frac{A}{2}+\frac{B}{2}=\frac{\pi}{2}-\frac{C}{2}$, 所以上式等于

$$\begin{aligned}
&\frac{\cos\frac{C}{2}}{\sin\frac{A}{2}\sin\frac{B}{2}}+\frac{\cos\frac{C}{2}}{\sin\frac{C}{2}}\\
&=\cos\frac{C}{2}\left(\frac{1}{\sin\frac{A}{2}\sin\frac{B}{2}}+\frac{1}{\sin\frac{C}{2}}\right)\\
&=\cos\frac{C}{2}\cdot\frac{\sin\frac{C}{2}+\sin\frac{A}{2}\sin\frac{B}{2}}{\sin\frac{A}{2}\sin\frac{B}{2}\sin\frac{C}{2}}
\end{aligned}$$

$$=\frac{\cos\frac{C}{2}}{\sin\frac{A}{2}\sin\frac{B}{2}\sin\frac{C}{2}}\cdot\left(\cos\frac{A+B}{2}+\sin\frac{A}{2}\sin\frac{B}{2}\right),$$

因为

$$\begin{aligned}&\cos\frac{A+B}{2}+\sin\frac{A}{2}\sin\frac{B}{2}\\&\quad=\cos\frac{A}{2}\cos\frac{B}{2}-\sin\frac{A}{2}\sin\frac{B}{2}+\sin\frac{A}{2}\sin\frac{B}{2}\\&\quad=\cos\frac{A}{2}\cos\frac{B}{2},\end{aligned}$$

所以前式等于

$$\begin{aligned}&\frac{\cos\frac{C}{2}}{\sin\frac{A}{2}\sin\frac{B}{2}\sin\frac{C}{2}}\cdot\cos\frac{A}{2}\cos\frac{B}{2}\\&\quad=\frac{\cos\frac{A}{2}\cos\frac{B}{2}\cos\frac{C}{2}}{\sin\frac{A}{2}\sin\frac{B}{2}\sin\frac{C}{2}}=\cot\frac{A}{2}\cot\frac{B}{2}\cot\frac{C}{2}\\&\quad=\text{右边}.\end{aligned}$$

解法 2　在恒等式

$$\cot(\alpha+\beta+\gamma)=\frac{\cot\alpha\cot\beta\cot\gamma-\cot\alpha-\cot\beta-\cot\gamma}{\cot\alpha\cot\beta+\cot\beta\cot\gamma+\cot\gamma\cot\alpha-1}$$

(见练习题 3.2.1(2))中, 令

$$\alpha=\frac{A}{2},\quad\beta=\frac{B}{2},\quad\gamma=\frac{C}{2},$$

那么 $\alpha+\beta+\gamma=\frac{\pi}{2}$, 从而 $\cot(\alpha+\beta+\gamma)=0$, 于是

$$\cot\alpha\cot\beta\cot\gamma-\cot\alpha-\cot\beta-\cot\gamma=0.$$

这正是所要证明的恒等式. □

练 习 题

3.7.1 证明下列恒等式:

(1) $\sin 3x=\dfrac{\sin^2 2x-\sin^2 x}{\sin x}$.

(2) $\sin x+\sin 3x+\sin 5x=\dfrac{\sin^2 3x}{\sin x}$.

(3) $\cos 2x=\dfrac{1}{1+\tan x\tan 2x}$.

(4) $\tan 3x\tan x=\dfrac{\tan^2 2x-\tan^2 x}{1-\tan^2 2x\tan^2 x}$.

(5) $\csc x\csc 2x+\csc 2x\csc 3x=\csc x(\cot x-\cot 3x)$.

(6) $\dfrac{\cot x}{1+\cot x}\cdot\dfrac{\cot\left(\dfrac{\pi}{4}-x\right)}{1+\cot\left(\dfrac{\pi}{4}-x\right)}=\dfrac{1}{2}$.

3.7.2 证明下列恒等式:

(1) $(\cos x+\cos y)^2+(\sin x+\sin y)^2=4\cos^2\dfrac{x-y}{2}$.

(2) $(a\tan x+b\cot x)(a\cot x+b\tan x)=(a+b)^2+4ab\cot^2 2x$.

(3) $\sin^2 x+\sin^2 y=\sin^2(x+y)-2\sin x\sin y\cos(x+y)$.

(4) $\cos^2(x-z)+\cos^2(y-z)-2\cos(x-y)\cos(x-z)$
$\cdot\cos(y-z)=\sin^2(x-y)$.

(5) $\cos(x-y)+\cos(y-z)+\cos(z-x)=-1+4\cos\dfrac{x-y}{2}$
$\cdot\cos\dfrac{y-z}{2}\cos\dfrac{z-x}{2}$.

(6) $\cos^2 x+\cos^2 y+\cos^2 z+2\cos x\cos y\cos z$
$=1+4\cos\dfrac{x+y+z}{2}\cos\dfrac{x-y+z}{2}\cos\dfrac{x+y-z}{2}\cos\dfrac{-x+y+z}{2}$.

3.7.3 证明:

(1) $\sin^4 x = \dfrac{3}{8} - \dfrac{1}{2}\cos 2x + \dfrac{1}{8}\cos 4x.$

(2) $\sin^3 x \cos^5 x = \dfrac{3}{64}\sin 2x + \dfrac{1}{64}\sin 4x - \dfrac{1}{64}\sin 6x - \dfrac{1}{128}\sin 8x.$

3.7.4 设 $A+B+C=\pi$, 证明:

(1) $\sin A + \sin B + \sin C = 4\cos\dfrac{A}{2}\cos\dfrac{B}{2}\cos\dfrac{C}{2}.$

(2) $\cos A + \cos B + \cos C = 1 + 4\sin\dfrac{A}{2}\sin\dfrac{B}{2}\sin\dfrac{C}{2}.$

(3) $\tan A + \tan B + \tan C = \tan A \tan B \tan C.$

(4) $\sin 2A + \sin 2B + \sin 2C = 4\sin A \sin B \sin C.$

(5) $\cos 2A + \cos 2B + \cos 2C = -1 - 4\cos A \cos B \cos C.$

(6) $\sin^2 A + \sin^2 B + \sin^2 C = 2 + 2\cos A \cos B \cos C.$

(7) $\cos^2 A + \cos^2 B + \cos^2 C = 1 - 2\cos A \cos B \cos C.$

(8) $\sin\dfrac{A}{2} + \sin\dfrac{B}{2} + \sin\dfrac{C}{2} = 1 + 4\sin\dfrac{A+B}{4}\sin\dfrac{B+C}{4}$
$\cdot\sin\dfrac{C+A}{4}.$

(9) $\cos\dfrac{A}{2} + \cos\dfrac{B}{2} + \cos\dfrac{C}{2} = 4\cos\dfrac{A+B}{4}\cos\dfrac{B+C}{4}\cos\dfrac{C+A}{4}.$

(10) $\tan\dfrac{A}{2} + \tan\dfrac{B}{2} + \tan\dfrac{C}{2} = \dfrac{1+\sin\dfrac{A}{2}\sin\dfrac{B}{2}\sin\dfrac{C}{2}}{\cos\dfrac{A}{2}\cos\dfrac{B}{2}\cos\dfrac{C}{2}}.$

4 与三角形边角关系有关的恒等式

4.1 基于正弦定理和余弦定理的恒等式

在 $\triangle ABC$ 中, 分别用 A,B,C 表示它的三个内角,a,b,c 表示顶点 A,B,C 的对边之长, 还用 Δ(大写希腊字母) 表示三角形的面积, R 和 r 分别表示三角形的外接圆和内切圆的半径, 并记 $s=\frac{1}{2}(a+b+c)$(三角形的半周长).

关于三角形的边角关系, 有下列两个基本定理:

1° 正弦定理　$\triangle ABC$ 中, 有

$$\frac{a}{\sin A}=\frac{b}{\sin B}=\frac{c}{\sin C}=2R.$$

2° 余弦定理　$\triangle ABC$ 中, 有

$$a^2=b^2+c^2-2bc\cos A,$$

$$b^2=c^2+a^2-2ca\cos B,$$

$$c^2=a^2+b^2-2ab\cos C.$$

它们也可表示为下列形式:

$$\cos A=\frac{b^2+c^2-a^2}{2bc},$$

$$\cos B = \frac{c^2+a^2-b^2}{2ca},$$
$$\cos C = \frac{a^2+b^2-c^2}{2ab}.$$

注 1° 关于三角形的边角关系, 除了正弦定理和余弦定理外, 还有其他一些结果. 例如, 在 $\triangle ABC$ 中,

$$a = b\cos C + c\cos B,$$
$$b = c\cos A + a\cos C,$$
$$c = a\cos B + b\cos A.$$

这三个等式称为投影定理或第二余弦定理. 容易给出它们的几何证明: 作 BC 边上的高, 区分 B 是锐角、直角和钝角三种情形分别求 BC 的长, 就得出上面第一个等式. 也可应用余弦定理证明:

$$\begin{aligned} b\cos C + c\cos B &= b\cdot\frac{a^2+b^2-c^2}{2ab} + c\cdot\frac{a^2+c^2-b^2}{2ac} \\ &= \frac{a^2+b^2-c^2}{2a} + \frac{a^2+c^2-b^2}{2a} \\ &= \frac{2a^2}{2a} = a. \end{aligned}$$

其余两式证法类似.

值得注意的是, 由投影定理也可推出余弦定理. 例如,

$$\begin{aligned} &a^2+b^2-c^2 \\ &\quad = a(b\cos C + c\cos B) + b(c\cos A + a\cos C) \\ &\qquad - c(a\cos B + b\cos A) \end{aligned}$$

$$
\begin{aligned}
&= ab\cos C + ac\cos B + bc\cos A + ab\cos C \\
&\quad - ac\cos B - bc\cos A \\
&= 2ab\cos C
\end{aligned}
$$

(其余两式证法类似). 因此, 投影定理和余弦定理是等价的.

2° 还可以证明: 正弦定理和余弦定理是等价的, 即可从其中一个推出另一个.

下面给出一些三角形的边和角所满足的恒等式的例子, 证明它们的基本工具是上述正弦定理和余弦定理, 也用到前面各节中的三角公式.

例 4.1.1 证明: 在 $\triangle ABC$ 中, 有

(1) $(a\sin A + b\sin B)\sin C = c(\sin^2 A + \sin^2 B)$.

(2) $\dfrac{c\sin(A-B)}{b\sin(C-A)} = \dfrac{a^2-b^2}{a^2-c^2}$.

解 (1) 由正弦定理,$a = 2R\sin A, b = 2R\sin B$, 将此代入左边, 可知

$$
\begin{aligned}
\text{左边} &= (2R\sin^2 A + 2R\sin^2 B)\sin C \\
&= 2R\sin C(\sin^2 A + \sin^2 B),
\end{aligned}
$$

因为 $c = 2R\sin C$, 所以上式等于

$$
c(\sin^2 A + \sin^2 B) = \text{右边}.
$$

(2) 由正弦定理, $c = 2R\sin C, b = 2R\sin B$, 因此

$$
\text{左边} = \frac{2R\sin C\sin(A-B)}{2R\sin B\sin(A-C)} = \frac{\sin C\sin(A-B)}{\sin B\sin(A-C)},
$$

因为 $A+B+C=\pi$, 所以 $\sin C=\sin(A+B), \sin B=\sin(A+C)$, 于是由上式得

$$\begin{aligned}
左边 &= \frac{\sin(A+B)\sin(A-B)}{\sin(A+C)\sin(A-C)} = \frac{-\frac{1}{2}(\cos 2A-\cos 2B)}{-\frac{1}{2}(\cos 2A-\cos 2C)} \\
&= \frac{(2\sin^2 A-1)-(2\sin^2 B-1)}{(2\sin^2 A-1)-(2\sin^2 C-1)} \\
&= \frac{\sin^2 A-\sin^2 B}{\sin^2 A-\sin^2 C}
\end{aligned}$$

(此两行推导也可省略, 而直接由例 3.1.1 得到). 仍然由正弦定理可知

$$右边 = \frac{(2R\sin A)^2-(2R\sin B)^2}{(2R\sin A)^2-(2R\sin C)^2} = \frac{\sin^2 A-\sin^2 B}{\sin^2 A-\sin^2 C}.$$

因此题中的恒等式成立. □

例 4.1.2 证明: 在 $\triangle ABC$ 中,

(1) $\dfrac{a^2+b^2+c^2}{2abc}=\dfrac{\cos A}{a}+\dfrac{\cos B}{b}+\dfrac{\cos C}{c}$.

(2) $(a-b)^2\cos^2\dfrac{C}{2}+(a+b)^2\sin^2\dfrac{C}{2}=c^2$.

解 (1) 由余弦公式,$\cos A=\dfrac{b^2+c^2-a^2}{2bc}$, 等等, 所以

$$\begin{aligned}
右边 &= \frac{b^2+c^2-a^2}{2abc}+\frac{c^2+a^2-b^2}{2abc}+\frac{a^2+b^2-c^2}{2abc} \\
&= \frac{a^2+b^2+c^2}{2abc} \\
&= 左边.
\end{aligned}$$

(2) 由半角公式, 得

$$左边 = (a-b)^2\frac{1+\cos C}{2}+(a+b)^2\frac{1-\cos C}{2}$$

$$
\begin{aligned}
&= \frac{1}{2}\big((a-b)^2+(a+b)^2\big)+\frac{1}{2}\big((a-b)^2-(a+b)^2\big)\cos C \\
&= a^2+b^2-2ab\cos C = c^2 \\
&= \text{右边}
\end{aligned}
$$

(最后一步应用了余弦定理). □

例 4.1.3 证明: 在 $\triangle ABC$ 中, 有

(1) $a\sin(B-C)+b\sin(C-A)+c\sin(A-B)=0$.

(2) $\dfrac{a^2\sin(B-C)}{\sin B+\sin C}+\dfrac{b^2\sin(C-A)}{\sin C+\sin A}+\dfrac{c^2\sin(A-B)}{\sin A+\sin B}=0$.

(3) $\dfrac{a^2(b^2+c^2-a^2)}{\sin 2A}=\dfrac{b^2(c^2+a^2-b^2)}{\sin 2B}=\dfrac{c^2(a^2+b^2-c^2)}{\sin 2C}$.

(4) $\dfrac{\cos A\cos B}{ab}+\dfrac{\cos B\cos C}{bc}+\dfrac{\cos C\cos A}{ca}=\dfrac{\sin^2 A}{a^2}$.

解 (1) 由加法定理, 得

$$
\begin{aligned}
\text{左边} &= a(\sin B\cos C-\sin C\cos B) \\
&\quad + b(\sin C\cos A-\sin A\cos C) \\
&\quad + c(\sin A\cos B-\sin B\cos A) \\
&= \cos C(a\sin B-b\sin A)+\cos B(c\sin A-a\sin C) \\
&\quad + \cos A(b\sin C-c\sin B).
\end{aligned}
$$

由正弦定理, $a\sin B=b\sin A, c\sin A=a\sin C, b\sin C=a\sin B$, 所以上式等于 0. 于是本题得证.

(2) 由正弦定理, $a=2R\sin A=2R\sin\big(\pi-(B+C)\big)=2R\cdot\sin(B+C)$, 因此 $a^2=a\cdot 2R\sin(B+C)=2aR\sin(B+C)$, 于

是

$$\begin{aligned}\frac{a^2\sin(B-C)}{\sin B+\sin C}&=2aR\cdot\frac{\sin(B+C)\sin(B-C)}{\sin B+\sin C}\\&=2aR\cdot\frac{-\frac{1}{2}(\cos 2B-\cos 2C)}{\sin B+\sin C}\\&=-aR\cdot\frac{(1-2\sin^2 B)-(1-2\sin^2 C)}{\sin B+\sin C}\\&=2aR\cdot\frac{\sin^2 B-\sin^2 C}{\sin B+\sin C}\\&=2aR(\sin B-\sin C)\\&=a(2R\sin B-2R\sin c)\\&=a(b-c).\end{aligned}$$

类似地, 有

$$\frac{b^2\sin(C-A)}{\sin C+\sin A}=b(c-a),\quad \frac{c^2\sin(A-B)}{\sin A+\sin B}=c(a-b).$$

因此

$$\begin{aligned}&\frac{a^2\sin(B-C)}{\sin B+\sin C}+\frac{b^2\sin(C-A)}{\sin C+\sin A}+\frac{c^2\sin(A-B)}{\sin A+\sin B}\\&\quad=a(b-c)+b(c-a)+c(a-b)\\&\quad=0.\end{aligned}$$

(3) 因为由余弦定理, $b^2+c^2-a^2=2bc\cos A$, 所以

$$\frac{a^2(b^2+c^2-a^2)}{\sin 2A}=\frac{a^2\cdot 2bc\cos A}{2\sin A\cos A}=\frac{a}{\sin A}\cdot abc=2Rabc$$

(最后一步应用了正弦定理). 类似地可证

$$\frac{b^2(c^2+a^2-b^2)}{\sin 2B}=2Rabc,\quad \frac{c^2(a^2+b^2-c^2)}{\sin 2C}=2Rabc.$$

因此题中的恒等式成立.

(4) 由正弦定理, $a=2R\sin A, b=2R\sin B, c=2R\sin C$, 所以

$$左边 = \frac{1}{4R^2}(\cot A\cot B+\cot B\cot C+\cot C\cot A).$$

因为 $A+B+C=\pi$, 所以由练习题 3.2.1(2) 推出

$$\cot A\cot B+\cot B\cot C+\cot C\cot A=1.$$

将此式代入前式, 并注意 $2R=\dfrac{a}{\sin A}$, 即得所要的结果. □

例 4.1.4 证明: 在 $\triangle ABC$ 中, 有

(1) $\Delta=\dfrac{1}{2}bc\sin A=\dfrac{1}{2}ca\sin B=\dfrac{1}{2}ab\sin C$.

(2) $\Delta=\dfrac{a^2\sin B\sin C}{2\sin A}=\dfrac{b^2\sin C\sin A}{2\sin B}=\dfrac{c^2\sin A\sin B}{2\sin C}$.

(3) $\Delta=rs$.

(4) $\Delta=\dfrac{abc}{4R}=2R^2\sin A\sin B\sin C$.

解 (1) 因为 $\Delta=\dfrac{1}{2}bh_b$, 其中 h_b 表示三角形经过顶点 B 的高, 这个高等于 $c\sin A$, 所以

$$\Delta=\frac{1}{2}bc\sin A.$$

类似地可证另外两个公式.

(2) 由正弦定理,

$$\frac{a}{\sin A}=\frac{b}{\sin B}, \quad 所以 \quad b=\frac{a\sin B}{\sin A}.$$

类似地, $c=\dfrac{a\sin C}{\sin A}$. 因此由本题 (1) 中的公式推出

$$\Delta=\frac{1}{2}bc\sin A=\frac{1}{2}\cdot\frac{a\sin B}{\sin A}\cdot\frac{a\sin C}{\sin A}\sin A$$

$$= \frac{a^2\sin B\sin C}{2\sin A}.$$

同法可证另外两个公式.

(3) 如果 I 是 $\triangle ABC$ 的内心 (内切圆的中心), 那么 Δ 等于三角形 IAB,IBC,ICA 的面积之和. 注意这些三角形的边 AB,BC,CA 上的高都等于 r, 所以

$$\Delta = \frac{1}{2}rc+\frac{1}{2}ra+\frac{1}{2}rb = r\cdot\frac{1}{2}(a+b+c) = rs.$$

(4) 由正弦定理, $\dfrac{a}{\sin A}=2R$, 所以 $\sin A=\dfrac{a}{2R}$, 于是由本题 (1) 中的公式推出

$$\Delta = \frac{1}{2}bc\sin A = \frac{1}{2}bc\cdot\frac{a}{2R} = \frac{abc}{4R}.$$

又因为 $a=2R\sin A, b=2R\sin B, c=2R\sin C$, 所以

$$\begin{aligned}\Delta &= \frac{abc}{4R} = \frac{1}{4R}\cdot 2R\sin A\cdot 2R\sin B\cdot 2R\sin C\\ &= 2R^2\sin A\sin B\sin C.\end{aligned}$$

□

注 1° 因为 $\sin A=\sin(B+C), \sin B=\sin(C+A), \sin C=\sin(A+B)$, 所以本题 (2) 中的公式还可表示为

$$\Delta = \frac{a^2\sin B\sin C}{2\sin(B+C)} = \frac{b^2\sin C\sin A}{2\sin(C+A)} = \frac{c^2\sin A\sin B}{2\sin(A+B)}.$$

2° 还有一个常用的三角形面积公式 (称海伦–秦九韶公式)

$$\Delta = \sqrt{s(s-a)(s-b)(s-c)}.$$

3° 题 (1) 中的公式适用于 SAS(边角边) 情形, 题 (2) 中的公式适用于 AAS 和 ASA 情形, 海伦–秦九韶公式适用于 SSS 情形.

练 习 题

4.1.1 证明: 在 $\triangle ABC$ 中, 有

(1) $c\cos C+a\cos A=b\cos(A-C)$.

(2) $\sin\dfrac{A-B}{2}=\dfrac{a-b}{c}\cos\dfrac{C}{2}$.

(3) $\cos\dfrac{A-B}{2}=\dfrac{a+b}{c}\sin\dfrac{C}{2}$.

(4) $a^2+b^2+c^2=2(bc\cos A+ca\cos B+ab\cos C)$.

(5) $\cos A+\cos B=\dfrac{2(a+b)}{c}\sin^2\dfrac{C}{2}$.

(6) $\dfrac{\cos 2A}{a^2}-\dfrac{\cos 2B}{b^2}=\dfrac{1}{a^2}-\dfrac{1}{b^2}$.

4.1.2 证明: 在 $\triangle ABC$ 中, 有

(1) $(b+c)\cos A+(c+a)\cos B+(a+b)\cos A=a+b+c$.

(2) $b\cos^2\dfrac{C}{2}+c\cos^2\dfrac{B}{2}=\dfrac{1}{2}(a+b+c)$.

(3) $b^2\cos 2C+2bc\cos(B-C)+c^2\cos 2B=a^2$.

4.1.3 证明: 在 $\triangle ABC$ 中, 有

(1) $\dfrac{a^2+b^2-c^2}{a^2-b^2+c^2}=\dfrac{\tan B}{\tan C}$.

(2) $a\sec A+b\sec B+c\sec C=a\sec A\tan B\tan C$.

(3) $b^2+c^2-2bc\cos(60^\circ+A)=c^2+a^2-2ca\cos(60^\circ+B)=a^2+b^2-2ab\cos(60^\circ+C)$.

(4) $a\cos A+b\cos B+c\cos C=4R\sin A\sin B\sin C$.

(5) $a\sin\frac{A}{2}\sin\frac{B-C}{2}+b\sin\frac{B}{2}\sin\frac{C-A}{2}+c\sin\frac{C}{2}\sin\frac{A-B}{2}=0$.

(6) $\dfrac{a\sin\frac{B-C}{2}}{\sin\frac{A}{2}}+\dfrac{b\sin\frac{C-A}{2}}{\sin\frac{B}{2}}+\dfrac{c\sin\frac{A-B}{2}}{\sin\frac{C}{2}}=0$.

4.1.4 证明: 在 $\triangle ABC$ 中, 有

(1) $\Delta=\frac{1}{4}(a^2\sin 2B+b^2\sin 2A)$.

(2) $\Delta=\frac{a^2-b^2}{2}\cdot\frac{\sin A\sin B}{\sin(A-B)}$.

(3) $\Delta=\frac{2abc}{a+b+c}\cdot\cos\frac{A}{2}\cos\frac{A}{2}\cos\frac{A}{2}$.

(4) $\frac{1}{ab}+\frac{1}{bc}+\frac{1}{ca}=\frac{1}{2rR}$.

4.1.5 试由投影定理推出正弦定理.

4.2 三角形形状的确定

这类问题是要由三角形的边和角所满足的某些关系式 (一般是恒等式) 判断三角形的形状特征.

例 4.2.1 证明: 在 $\triangle ABC$ 中, 若 $\sin^2 A+\sin^2 B=\sin^2 C$, 则 $\triangle ABC$ 是直角三角形 (C 为直角).

解 解法 1 由正弦定理, $\sin A=\frac{a}{2R},\sin B=\frac{b}{2R},\sin C=\frac{c}{2R}$, 将它们代入题中的等式得

$$\frac{a^2}{4R^2}+\frac{b^2}{4R^2}=\frac{c^2}{4R^2},$$

于是 $a^2+b^2=c^2$. 依勾股定理的逆定理可得结论. 或者由余弦定理得 $\cos C=\dfrac{a^2+b^2-c^2}{2ab}=0$, 从而 $C=90°$.

解法 2　因为 $\sin C=\sin(A+B)=\sin A\cos B+\cos A\sin B$, 所以题中的恒等式可写成

$$\sin^2 A+\sin^2 B=(\sin A\cos B+\cos A\sin B)^2.$$

将右边展开得

$$\begin{aligned}&\sin^2 A+\sin^2 B\\&\quad=\sin^2 A\cos^2 B+2\sin A\cos A\sin B\cos B+\cos^2 A\sin^2 B,\end{aligned}$$

移项后化为

$$\begin{aligned}&\sin^2 A(1-\cos^2 B)-2\sin A\cos A\sin B\cos B\\&\quad+\sin^2 B(1-\cos^2 A)=0,\end{aligned}$$

即

$$\sin^2 A\sin^2 B-2\sin A\cos A\sin B\cos B+\sin^2 B\sin^2 A=0,$$

由此得

$$2\sin A\sin B(\sin A\sin B-\cos A\cos B)=0,$$

于是

$$2\sin A\sin B\cos(A+B)=0.$$

因为 $\sin A,\sin B\neq 0$, 所以 $\cos(A+B)=0$, 因而 $A+B=90°$, 即 $\triangle ABC$ 是直角三角形 (C 为直角).

解法 3　由例 3.7.6 可知

$$\sin^2 A+\sin^2 B-\sin^2 C=2\sin A\sin B\cos C,$$

于是由题设条件得 $\sin A\sin B\cos C=0$, 而由于 $A+B+C=180^\circ$ 并且当 $0^\circ<A,B<180^\circ$ 时 $\sin A\sin B\neq 0$, 所以 $\cos C=0$, 从而 $C=90^\circ$. □

注　按解法 1, 可类似地证明: 在 $\triangle ABC$ 中, 若 $\sin^2 A+\sin^2 B>\sin^2 C$, 则 $a^2+b^2>c^2$, 于是由余弦定理得

$$\cos C=\frac{a^2+b^2-c^2}{2ab}>0.$$

因为 $0^\circ<C<180^\circ$, 所以 $0^\circ<C<90^\circ$. 同样可推出: 若 $\sin^2 A+\sin^2 B<\sin^2 C$, 则 $90^\circ<C<180^\circ$. 这就证明了: 在 $\triangle ABC$ 中, 若 $\sin^2 A+\sin^2 B-\sin^2 C>(=$ 或 $<)0$, 则 $\triangle ABC$ 是锐角 (直角, 或钝角) 三角形. 因为这个命题的条件由三个互相排斥的情形组成而且包括了所有可能情形, 命题的结论也是如此, 所以我们得到

$$\sin^2 A+\sin^2 B-\sin^2 C\begin{cases}>0 & (C\text{ 是锐角}),\\ =0 & (C\text{ 是直角}),\\ <0 & (C\text{ 是钝角}).\end{cases}$$

例 4.2.2　如果 $\triangle ABC$ 满足条件 $\cos A+\cos B=\sin C$, 则它是直角三角形.

解　因为

$$\sin C=2\sin\frac{C}{2}\cos\frac{C}{2},$$

$$\begin{aligned}\cos A+\cos B&=2\cos\frac{A+B}{2}\cos\frac{A-B}{2}\\&=2\sin\frac{C}{2}\cos\frac{A-B}{2},\end{aligned}$$

所以已知条件化为

$$2\sin\frac{C}{2}\left(\cos\frac{C}{2}-\cos\frac{A-B}{2}\right)=0,$$

也就是

$$2\sin\frac{C}{2}\cdot\left(-2\sin\frac{C+A-B}{4}\sin\frac{C-A+B}{4}\right)=0.$$

又由 $C+A-B=A+B+C-2C=180^\circ-2C, C-A+B=180^\circ-2A$ 可知上式化为

$$-4\sin\frac{C}{2}\sin\left(45^\circ-\frac{B}{2}\right)\sin\left(45^\circ-\frac{A}{2}\right)=0.$$

因为 $0^\circ<\frac{C}{2}<90^\circ, \sin\frac{C}{2}\neq 0$, 所以

$$\sin\left(45^\circ-\frac{B}{2}\right)=0,\quad 或\quad \sin\left(45^\circ-\frac{A}{2}\right)=0,$$

因而或者 $A=90^\circ$, 或者 $B=90^\circ$, 即 $\triangle ABC$ 是直角三角形. □

例 4.2.3 如果 $\triangle ABC$ 满足条件 $\cot A+\cot B+\cot C=\sqrt{3}$, 则它是正三角形.

解 因为 $A+B+C=180^\circ$, 所以由练习 3.2.1(2) 推出 $\cot A\cot B+\cot B\cot C+\cot C\cot A=1$. 为简便计, 令 $x=\cot A, y=\cot B, z=\cot C$, 那么由此及题中条件可知

$$xy+yz+zx=1,\quad x+y+z=\sqrt{3},$$

从而

$$(x+y+z)^2-3(xy+yz+zx)=0.$$

又因为 $(x+y+z)^2-3(xy+yz+zx)=x^2+y^2+z^2-xy-yz-zx=\frac{1}{2}\left((x-y)^2+(y-z)^2+(z-x)^2\right)$, 所以我们由上式得到

$$(x-y)^2+(y-z)^2+(z-x)^2=0.$$

从而 $x=y=z$, 即 $\cot A=\cot B=\cot C$. 于是 (注意 $0°<A,B,C<180°$) $A=B=C$, 即 $\triangle ABC$ 是正三角形. □

例 4.2.4 如果 $\triangle ABC$ 满足条件 $\sin A=2\cos B\sin C$, 则它是等腰三角形.

解 我们给出四种解法.

解法 1 由题设条件得 $\sin(B+C)=2\cos B\sin C$, 于是

$$\sin B\cos C+\cos B\sin C=2\cos B\sin C.$$

由此可知 $\sin(B-C)=0$, 从而 $B=C$.

解法 2 因为

$$2\sin C\cos B=\sin(C+B)+\sin(C-B)=\sin A+\sin(C-B),$$

所以题设条件化为 $\sin(C-B)=0$, 从而 $B=C$.

解法 3 由正弦定理知 $a=2R\sin A$, 将题设条件代入得

$$a=2R(2\cos B\sin C)=2(2R\sin C)\cos B=2c\cos B,$$

于是

$$\cos B=\frac{a}{2c}.$$

由此及余弦定理推出

$$b^2 = c^2 + a^2 - 2ca\cos B = c^2 + a^2 - 2ca \cdot \frac{a}{2c} = c^2,$$

于是 $b = c$.

解法 4 由题设条件得 $2R\sin A = 2\cos B(2R\sin C)$, 于是

$$a = 2c\cos B.$$

又由投影定理, $a = c\cos B + b\cos C$, 所以 $c\cos B + b\cos C = 2c\cos B$, 即

$$b\cos C = c\cos B.$$

应用正弦定理, 由此推出 $2R\sin B\cos C = 2R\sin C\cos B$, 因此

$$\sin B\cos C = \sin C\cos B,$$

从而 $\sin(B - C) = 0$. 因为 $0° < B, C < 180°$, 所以 $B = C$. □

练 习 题

4.2.1 证明:

$$\sin^2 A + \sin^2 B + \sin^2 C \begin{cases} > 2 & (\triangle ABC \text{ 是锐角三角形}), \\ = 2 & (\triangle ABC \text{ 是直角三角形}), \\ < 2 & (\triangle ABC \text{ 是钝角三角形}). \end{cases}$$

4.2.2 证明: 若 $\triangle ABC$ 满足下列条件之一:

(1) $b^2\sin^2 C+c^2\sin^2 B=2bc\cos B\cos C$,

(2) $\cos C=\dfrac{\sin A+\sin B}{\cos A+\cos B}$,

则它是直角三角形.

4.2.3 证明: 若 $\triangle ABC$ 满足下列条件之一:

(1) $b\sin B=c\sin C$,

(2) $a\tan A-b\tan B=(a-b)\tan\dfrac{A+B}{2}$,

则它是等腰三角形.

4.2.4 证明: 若 $\triangle ABC$ 满足条件 $a\sin A=b\sin B=c\sin C$, 则它是正三角形.

5 补充与杂例

5.1 某些有限三角级数的和的计算

设 $u_1,u_2,\cdots,u_k,\cdots$ 是一个数列, 其通项 u_k 是三角函数表达式. 记数列的前 n 项之和

$$S_n=u_1+u_2+\cdots+u_n,$$

它称做有限三角级数. 有各种各样的求这种级数的和 S_n 的方法. 在此, 我们介绍一种常见的特殊方法, 即设法将通项 u_k 表示为

$$u_k=v_{k+1}-v_k\quad (k=1,2,\cdots,n),$$

其中 $v_1,v_2,\cdots,v_n,\cdots$ 是某个数列, 于是

$$\begin{aligned}S_n&=(v_2-v_1)+(v_3-v_2)+\cdots+(v_n-v_{n-1})+(v_{n+1}-v_n)\\&=v_{n+1}-v_1.\end{aligned}$$

类似地, 如果 $u_k=v_k-v_{k+1}\,(k=1,2,\cdots,n)$, 那么 $S_n=v_1-v_{n+1}$.

注 在 5.3 节中将介绍另一种常见的特殊方法.

下面给出一些例子.

例 5.1.1 证明:

$$\frac{1}{\cos x\cos 2x}+\frac{1}{\cos 2x\cos 3x}+\cdots+\frac{1}{\cos nx\cos(n+1)x}$$
$$=\csc x\big(\tan(n+1)x-\tan x\big).$$

分析 此处 $u_k=\dfrac{1}{\cos kx\cos(k+1)x}\,(k\geqslant 1)$. 由正切函数的和差化积公式可知: 当 $k\geqslant 1$ 时,

$$\tan(k+1)x-\tan kx=\frac{\sin x}{\cos kx\cos(k+1)x},$$

由此可将 u_k 表示为 $\csc x\tan(k+1)x-\csc x\tan kx$, 其中 $v_k=\csc x\tan kx$.

解 由正切函数的和差化积公式可知: 当 $k\geqslant 1$ 时,

$$\tan(k+1)x-\tan kx=\frac{\sin x}{\cos kx\cos(k+1)x},$$

因此

$$\frac{1}{\cos kx\cos(k+1)x}=\csc x(\tan(k+1)x-\tan kx).$$

于是题中级数之和

$$\begin{aligned}S_n&=\csc x\big((\tan 2x-\tan x)+(\tan 3x-\tan 2x)+\cdots\\&\quad+(\tan nx-\tan(n-1)x)+(\tan(n+1)x-\tan nx)\big)\\&=\csc x\big(\tan(n+1)x-\tan x\big).\end{aligned}$$ □

例 5.1.2 证明:

$$\csc 2\theta+\csc\theta+\csc\frac{\theta}{2}+\cdots+\csc\frac{\theta}{2^n}=\cot\frac{\theta}{2^{n+1}}-\cot 2\theta.$$

解 因为

$$\cot 2\theta - \cot\theta = \frac{\cos 2\theta}{\sin 2\theta} - \frac{\cos\theta}{\sin\theta} = \frac{-\sin\theta}{\sin 2\theta\sin\theta}$$
$$= -\frac{1}{\sin 2\theta} = -\csc 2\theta,$$

所以

$$\csc 2\theta = \cot\theta - \cot 2\theta.$$

在上式中将 θ 分别换为 $\frac{\theta}{2}, \frac{\theta}{4}, \cdots, \frac{\theta}{2^{n+1}}$, 我们总共得到 $n+2$ 个等式 (包括上面的等式), 然后将它们相加, 即得题中的恒等式.

□

例 5.1.3 证明:

$$\tan x + 2\tan 2x + 4\tan 4x + \cdots + 2^{n-1}\tan 2^{n-1}x$$
$$= \cot x - 2^n \cot 2^n x.$$

分析 在此 $u_k = 2^k \tan 2^k x (k \geqslant 1)$. 回忆例 3.3.4 的解法 2, 那里实际上给出了符合上述要求的表达式 $u_1 = v_1 - v_2, u_2 = v_2 - v_3$, 因此我们可以将那里的方法扩充到本例.

解 因为

$$\tan x = \cot x - 2\cot 2x$$

(见例 3.3.4 的解法 2), 在其中易 x 为 $2x$, 然后两边同乘以 2, 得到

$$2\tan 2x = 2\cot 2x - 4\cot 4x.$$

类似地, 在上式中易 x 为 $2x$, 然后两边同乘以 2, 得到

$$4\tan 2x = 4\cot 2x - 8\cot 4x.$$

继续这个操作 (总共 $n-1$ 次), 得到的最后两个等式是

$$2^{n-2}\tan 2^{n-2}x=2^{n-2}\cot 2^{n-2}x-2^{n-1}\cot 2^{n-1}x,$$

$$2^{n-1}\tan 2^{n-1}x=2^{n-1}\cot 2^{n-1}x-2^{n}\cot 2^{n}x.$$

将上面 n 个等式相加, 然后化简, 即得所要的公式. □

例 5.1.4 设 $d\neq 2k\pi$(k 为整数). 证明:

$$\sin x+\sin(x+d)+\sin(x+2d)+\cdots+\sin\big(x+(n-1)d\big)$$
$$=\frac{\sin\dfrac{nd}{2}\sin\left(x+\dfrac{(n-1)d}{2}\right)}{\sin\dfrac{d}{2}},$$

$$\cos x+\cos(x+d)+\cos(x+2d)+\cdots+\cos\big(x+(n-1)d\big)$$
$$=\frac{\sin\dfrac{nd}{2}\cos\left(x+\dfrac{(n-1)d}{2}\right)}{\sin\dfrac{d}{2}}.$$

分析 题中级数各项的自变量形成公差为 d 的等差数列, 若将各项乘以 $2\sin\dfrac{d}{2}$, 然后对所得级数的各项应用积化和差公式, 就可发现得到 $u_k=v_{k+1}-v_k$ 形式的关系式.

解 (1) 用 S_n 表示题中第一个级数之和, 那么

$$2\sin\frac{d}{2}\cdot S_n$$
$$=2\sin\frac{d}{2}\sin x+2\sin\frac{d}{2}\sin(x+d)+2\sin\frac{d}{2}\sin(x+2d)$$
$$+\cdots+2\sin\frac{d}{2}\sin\big(x+(n-1)d\big).$$

对右边各个加项应用积化和差公式, 得到

$$2\sin\frac{d}{2}\sin x=\cos\left(x-\frac{d}{2}\right)-\cos\left(x+\frac{d}{2}\right),$$

$$2\sin\frac{d}{2}\sin(x+d)=\cos\left(x+\frac{d}{2}\right)-\cos\left(x+\frac{3d}{2}\right),$$

$$\cdots,$$

$$\begin{aligned}&2\sin\frac{d}{2}\sin\big(x+(n-2)d\big)\\&\quad=\cos\left(x+\frac{(2n-5)d}{2}\right)-\cos\left(x+\frac{(2n-3)d}{2}\right),\end{aligned}$$

$$\begin{aligned}&2\sin\frac{d}{2}\sin\big(x+(n-1)d\big)\\&\quad=\cos\left(x+\frac{(2n-3)d}{2}\right)-\cos\left(x+\frac{(2n-1)d}{2}\right).\end{aligned}$$

将此 n 个等式相加, 得到

$$\begin{aligned}2\sin\frac{d}{2}\cdot S_n&=\cos\left(x-\frac{d}{2}\right)-\cos\left(x+\frac{(2n-1)d}{2}\right)\\&=2\sin\left(x+\frac{(n-1)d}{2}\right)\sin\frac{nd}{2}.\end{aligned}$$

由此即可推出题中 S_n 的计算公式.

(2) 在第一个级数求和公式中, 用 $x+\dfrac{\pi}{2}$ 代 x, 然后两边同乘以 -1, 即得第二个级数求和公式. □

注 本题的另一解法见例 5.3.4.

例 5.1.5 设 $c_0,c_1,\cdots,c_{n-1}$ 组成等差数列, $d\neq 2k\pi\,(k\in\mathbb{Z})$. 证明:

$$\begin{aligned}&c_0\cos\alpha+c_1\cos(\alpha+d)+c_2\cos(\alpha+2d)+\cdots\\&\quad+c_{n-1}\cos\big(\alpha+(n-1)d\big)\end{aligned}$$

$$= \frac{C_n}{2(1-\cos d)},$$

其中 $C_n = -c_0\cos(\alpha-d)+(2c_0-c_1)\cos\alpha+(2c_{n-1}-c_{n-2}) \cdot\cos\big(\alpha+(n-1)d\big)-c_{n-1}\cos(\alpha+nd)$.

分析　上面级数的各项的 (角) 自变量形成公差为 d 的等差数列, 各项系数 $c_0,c_1,\cdots,c_{n-1}$ 组成等差数列. 我们仍然采用与上例类似的方法, 但需应用系数组成等差数列这个条件处理出现的新问题.

解　用 S_n 表示所求的和. 我们有

$$-2\cos d\cdot c_0\cos\alpha=-c_0\big(\cos(\alpha+d)+\cos(\alpha-d)\big),$$

$$-2\cos d\cdot c_1\cos(\alpha+d)=-c_1\big(\cos(\alpha+2d)+\cos\alpha\big),$$

$$-2\cos d\cdot c_2\cos(\alpha+2d)=-c_2\big(\cos(\alpha+3d)+\cos(\alpha+d)\big),$$

$$\cdots,$$

$$\begin{aligned}&-2\cos d\cdot c_{n-2}\cos\big(\alpha+(n-2)d\big)\\&\quad=-c_{n-2}\Big(\cos\big(\alpha+(n-1)d\big)+\cos\big(\alpha+(n-3)d\big)\Big),\end{aligned}$$

$$\begin{aligned}&-2\cos d\cdot c_{n-1}\cos\big(\alpha+(n-1)d\big)\\&\quad=-c_{n-1}\Big(\cos(\alpha+nd)+\cos\big(\alpha+(n-2)d\big)\Big).\end{aligned}$$

如果我们将这些等式相加, 将会出现

$$\begin{aligned}&(-c_0-c_2)\cos(\alpha+d)+(-c_1-c_3)\cos(\alpha+2d)\\&\quad+(-c_2-c_4)\cos(\alpha+3d)+\cdots\\&\quad+(-c_{n-3}-c_{n-1})\cos\big(\alpha+(n-2)d\big).\end{aligned}$$

为了消去这些项, 我们注意到, 因为系数组成等差数列, 所以

$$-c_0-c_2+2c_1=0,\quad -c_1-c_3+2c_2=0,\quad -c_2-c_4+2c_3=0,$$
$$\cdots,\quad -c_{n-3}-c_{n-1}+2c_{n-2}=0,$$

因而还要引进下列等式:

$$\begin{aligned}2S_n&=2c_0\cos\alpha+2c_1\cos(\alpha+d)+2c_2\cos(\alpha+2d)\\&\quad+2c_3\cos(\alpha+3d)+\cdots+2c_{n-1}\cos\big(\alpha+(n-1)d\big).\end{aligned}$$

将前面的 n 个等式与上式相加, 得到

$$\begin{aligned}&2(1-\cos d)S_n\\&\quad=-c_0\cos(\alpha-d)+(2c_0-c_1)\cos\alpha\\&\qquad+(-c_0-c_2+2c_1)\cos(\alpha+d)\\&\qquad+(-c_1-c_3+2c_2)\cos(\alpha+2d)+\cdots\\&\qquad+(-c_{n-3}-c_{n-1}+c_{n-2})\cos\big(\alpha+(n-2)d\big)\\&\qquad+(2c_{n-1}-c_{n-2})\cos\big(\alpha+(n-1)d\big)-c_{n-1}\cos(\alpha+nd).\end{aligned}$$

上式右边除首二项和末二项外, 其余各项系数全等于 0, 因此我们由此推出所要的公式. □

练 习 题

5.1.1 证明:

(1) $\tan\frac{\theta}{2}\sec\theta+\tan\frac{\theta}{4}\sec\frac{\theta}{2}+\cdots+\tan\frac{\theta}{2^n}\sec\frac{\theta}{2^{n-1}}$
$=\tan\theta-\tan\frac{\theta}{2^n}$.

(2) $\tan\theta+\frac{1}{2}\tan\frac{\theta}{2}+\frac{1}{4}\tan\frac{\theta}{4}+\cdots+\frac{1}{2^{n-1}}\tan\frac{\theta}{2^{n-1}}$
$=\frac{1}{2^{n-1}}\cot\frac{\theta}{2^{n-1}}-2\cot 2\theta$.

(3) $\sin x\sin^2\frac{x}{2}+2\sin\frac{x}{2}\sin^2\frac{x}{4}+\cdots+2^{n-1}\sin\frac{x}{2^{n-1}}\sin^2\frac{x}{2^n}$
$=2^{n-2}\sin\frac{x}{2^{n-1}}-\frac{1}{4}\sin 2x$.

(4) $\frac{\sin x}{\cos 2x+\cos x}+\frac{\sin 2x}{\cos 4x+\cos x}+\frac{\sin 3x}{\cos 6x+\cos x}+\cdots+$
$\frac{\sin nx}{\cos 2nx+\cos x}=\frac{1}{4\sin\frac{x}{2}}\left(\frac{1}{\cos\frac{(2n+1)x}{2}}-\frac{1}{\cos\frac{x}{2}}\right)$.

(5) $\cos^2 x+\cos^2 2x+\cos^2 3x+\cdots+\cos^2 nx$
$=\frac{n}{2}+\frac{\cos(n+1)x\sin nx}{2\sin x}\quad(x\neq k\pi,k\in\mathbb{Z})$.

(6) $\cos^3 x+\cos^3 2x+\cos^3 3x+\cdots+\cos^3 nx$
$=\frac{\cos\frac{3(n+1)x}{2}\sin\frac{3nx}{2}}{4\sin\frac{3x}{2}}+\frac{3\cos(n+1)x\sin\frac{nx}{2}}{4\sin\frac{x}{2}}\quad(x\neq 2k\pi,k\in\mathbb{Z})$.

5.1.2 证明:

$$\cos x\cos 2x+\cos 2x\cos 3x+\cdots+\cos nx\cos(n+1)x$$
$$=\begin{cases}\frac{1}{2}\left(n\cos x+\frac{\cos(n+2)x\sin nx}{\sin x}\right) & (x\neq k\pi,k\in\mathbb{Z}),\\ n\cos k\pi\quad(x=k\pi,k\in\mathbb{Z}).\end{cases}$$

5.1.3 证明:

$$\cos\alpha-\cos(\alpha+\beta)+\cos(\alpha+2\beta)-\cdots$$

$$
\begin{aligned}
&+(-1)^{n-1}\cos\big(\alpha+(n-1)\beta\big)\\
&=\begin{cases}\dfrac{\cos\left(\alpha+\dfrac{n-1}{2}(\beta+\pi)\right)\sin\dfrac{n(\beta+\pi)}{2}}{\cos\dfrac{\beta}{2}}\\ \quad(\beta\neq(2k-1)\pi,k\in\mathbb{Z}),\\ n\cos\alpha\quad(\beta=(2k-1)\pi,k\in\mathbb{Z}).\end{cases}
\end{aligned}
$$

5.1.4 证明:

$$
\begin{aligned}
&\sin\alpha+x\sin(\alpha+d)+x^2\sin(\alpha+2d)+\cdots\\
&\quad+x^{n-1}\sin\big(\alpha+(n-1)d\big)=\frac{X_n}{1-2x\cos d+x^2},
\end{aligned}
$$

其中 $X_n=\sin\alpha-x\sin(\alpha-d)-x^n\sin(\alpha+nd)+x^{n+1}\sin\big(\alpha+(n-1)d\big)$.

5.1.5 证明:

$$
\begin{aligned}
&\sin^3\frac{x}{3}+3\sin^3\frac{x}{3^2}+3^2\sin^3\frac{x}{3^3}+\cdots+3^{n-1}\sin^3\frac{x}{3^n}\\
&\quad=\frac{3^n}{4}\sin\frac{x}{3^n}-\frac{1}{4}\sin x.
\end{aligned}
$$

5.2 某些三角函数式的有限乘积的计算

设 $u_1,u_2,\cdots,u_k,\cdots$ 是一个数列, 其通项 u_k 是三角函数表达式. 要计算它的前 n 项的乘积

$$P=u_1u_2\cdots u_n,$$

常用的一种特殊方法是: 设法将 u_k 表示成

$$u_k=\frac{v_{k+1}}{v_k}\quad (k=1,2,\cdots,n)$$

的形式, 于是

$$P=\frac{v_2}{v_1}\cdot\frac{v_3}{v_2}\cdots\frac{v_{n+1}}{v_n}=\frac{v_{n+1}}{v_1}.$$

类似地, 如果 $u_k=\dfrac{v_k}{v_{k+1}}$, 那么 $P=\dfrac{v_1}{v_{n+1}}$.

例 5.2.1 证明:

$$\sin\theta=2^n\cos\frac{\theta}{2}\cos\frac{\theta}{2^2}\cdots\cos\frac{\theta}{2^n}\sin\frac{\theta}{2^n}.$$

解 由正弦倍角公式, 我们有

$$2\cos\frac{\theta}{2}=\frac{\sin\theta}{\sin\frac{\theta}{2}},\quad 2\cos\frac{\theta}{2^2}=\frac{\sin\frac{\theta}{2}}{\sin\frac{\theta}{2^2}},\quad \cdots,\quad 2\cos\frac{\theta}{2^n}=\frac{\sin\frac{\theta}{2^{n-1}}}{\sin\frac{\theta}{2^n}}.$$

将它们相乘可得

$$\begin{aligned}&\left(2\cos\frac{\theta}{2}\right)\left(2\cos\frac{\theta}{2^2}\right)\cdots\left(2\cos\frac{\theta}{2^n}\right)\\ &=\frac{\sin\theta}{\sin\frac{\theta}{2}}\cdot\frac{\sin\frac{\theta}{2}}{\sin\frac{\theta}{2^2}}\cdots\frac{\sin\frac{\theta}{2^{n-1}}}{\sin\frac{\theta}{2^n}}=\frac{\sin\theta}{\sin\frac{\theta}{2^n}}.\end{aligned}$$

将此式两边乘以 $\sin\dfrac{\theta}{2^n}$, 即得所要结果. □

例 5.2.1 证明:

$$(2\cos\theta-1)(2\cos2\theta-1)(2\cos2^2\theta-1)\cdots(2\cos2^{n-1}\theta-1)$$

$$=\frac{2\cos 2^n\theta+1}{2\cos\theta+1}.$$

解 因为 $(2\cos\theta-1)(2\cos\theta+1)=4\cos^2\theta-1$, 所以

$$2\cos\theta-1=\frac{4\cos^2\theta-1}{2\cos\theta+1}=\frac{2(2\cos^2\theta-1)+1}{2\cos\theta+1},$$

于是

$$2\cos\theta-1=\frac{2\cos 2\theta+1}{2\cos\theta+1}.$$

在此式中易 θ 为 $2\theta,2^2\theta,\cdots,2^{n-1}\theta$, 得

$$2\cos 2\theta-1=\frac{2\cos 2^2\theta+1}{2\cos 2\theta+1},$$

$$2\cos 2^2\theta-1=\frac{2\cos 2^3\theta+1}{2\cos 2^2\theta+1},$$

$$\cdots,$$

$$2\cos 2^{n-1}\theta-1=\frac{2\cos 2^n\theta+1}{2\cos 2^{n-1}\theta+1}.$$

将上述 n 个等式相乘, 即得所要的恒等式. □

练 习 题

5.2.1 证明:

(1) $\sin 2^n\theta=2^n\cos 2^{n-1}\theta\cos 2^{n-2}\theta\cdots\cos\theta\sin\theta$.

(2) $(2\cos\theta-1)\left(2\cos\frac{\theta}{2}-1\right)\left(2\cos\frac{\theta}{2^2}-1\right)\cdots\left(2\cos\frac{\theta}{2^{n-1}}-1\right)=\frac{2\cos 2\theta+1}{2\cos\frac{\theta}{2^{n-1}}+1}$.

(3) $\left(\cos\frac{x}{2}+\cos\frac{y}{2}\right)\left(\cos\frac{x}{2^2}+\cos\frac{y}{2^2}\right)\cdots\left(\cos\frac{x}{2^n}+\cos\frac{y}{2^n}\right)$
$=\dfrac{\cos x-\cos y}{2^n\left(\cos\frac{x}{2^n}-\cos\frac{y}{2^n}\right)}.$

(4) $(1+\sec 2\theta)(1+\sec 4\theta)\cdots(1+\sec 2^n\theta)=\tan 2^n\theta\cot\theta.$

*5.3 De Moivre 公式的应用

我们知道, 复数 $z=a+b\mathrm{i}\,(\mathrm{i}=\sqrt{-1})$ 与直角坐标平面上的点 $P(a,b)$ 是一一对应的. 复数 $z=a+b\mathrm{i}$ 还可以表示为

$$z=r(\cos\theta+\mathrm{i}\sin\theta),$$

其中 $r=\sqrt{a^2+b^2}$ 是 OP 的长, 称为 z 的模, 也记作 $|z|$. θ 是 OP 与 OX(正实轴) 的夹角, 称为 z 的辐角, 也记作 $\arg(z)$. 若限定 $\theta\in(-\pi,\pi]$, 则称为辐角的主值. 因此, 若 θ_0 是辐角的主值, 则 $2k\pi+\theta_0(k\in\mathbb{Z})$ 都是 z 的辐角, 并且

$$x=r\cos\theta,\quad y=r\sin\theta,\quad \tan\theta=\frac{y}{x}.$$

有时将 $z=a+b\mathrm{i}$ 称作复数 z 的代数表达式, 并将上面的形式称为 z 的三角表达式.

由复数的 (代数表达式的) 乘法法则可以推出, 如果

$$z_1=r_1(\cos\theta_1+\mathrm{i}\sin\theta_1),\quad z_2=r_2(\cos\theta_2+\mathrm{i}\sin\theta_2),$$

那么它们的乘积

$$z_1z_2=r_1r_2\big(\cos(\theta_1+\theta_2)+\mathrm{i}\sin(\theta_1+\theta_2)\big),$$

即乘积的模等于因子的模的乘积, 乘积的辐角等于因子的辐角的和. 还有

$$\frac{1}{z}=\frac{1}{r}\big(\cos(-\theta)+\mathrm{i}\sin(-\theta)\big)\quad(r\neq 0).$$

由此我们可以证明: 对于任何整数 n,

$$(\cos\theta+\mathrm{i}\sin\theta)^n=\cos n\theta+\mathrm{i}\sin n\theta.$$

这个等式称为 De Moivre 公式. 它是证明三角恒等式的一个有用的工具.

例 5.3.1 当 $n=2$ 时,De Moivre 公式成为

$$(\cos\theta+\mathrm{i}\sin\theta)^2=\cos 2\theta+\mathrm{i}\sin 2\theta.$$

将左边展开, 得到

$$(\cos^2\theta-\sin^2\theta)+\mathrm{i}(2\sin\theta\cos\theta)=\cos 2\theta+\mathrm{i}\sin 2\theta.$$

分别比较两边的实部和虚部, 即得

$$\cos 2\theta=\cos^2\theta-\sin^2\theta,\quad \sin 2\theta=2\sin\theta\cos\theta.$$

这正是我们熟知的正弦和余弦倍角公式.

当 $n=3$ 时,De Moivre 公式成为

$$(\cos\theta+\mathrm{i}\sin\theta)^3=\cos 3\theta+\mathrm{i}\sin 3\theta.$$

将左边展开可得

$$(\cos^3\theta-3\cos\theta\sin^2\theta)+\mathrm{i}(3\cos^2\theta\sin\theta-\sin^3\theta)$$

$$= \cos 3\theta + \mathrm{i}\sin 3\theta.$$

分别等置两边的实部和虚部, 即得

$$\cos 3\theta = \cos^3\theta - 3\cos\theta\sin^2\theta,$$
$$\sin 3\theta = 3\cos^2\theta\sin\theta - \sin^3\theta.$$

适当变形就可推出 3.3 节中的正弦和余弦三倍角公式. 在一般情形, 当 $n \geqslant 1$, 应用二项式定理, 类似地可得

$$\begin{aligned}\cos n\theta &= \cos^n\theta - \binom{n}{2}\sin^2\theta\cos^{n-2}\theta \\ &\quad + \binom{n}{4}\sin^4\theta\cos^{n-4}\theta - \cdots, \\ \sin n\theta &= \binom{n}{1}\sin\theta\cos^{n-1}\theta - \binom{n}{3}\sin^3\theta\cos^{n-3}\theta \\ &\quad + \binom{n}{5}\sin^5\theta\cos^{n-5}\theta - \cdots,\end{aligned}$$

其中 $\binom{n}{m}$ 表示在 n 个物体中取 m 个的组合数, 也记作 C_n^m.

□

注 上面我们没有给出关于 $\sin n\theta$ 和 $\cos n\theta$ 的完整公式 (但显示了规律), 完整公式右边的最末项要区分 n 是奇数和偶数两种情形. 在实际应用中, 对于具体的 n, 不难由二项式定理写出完整的表达式.

例 5.3.2 令

$$u = \cos\theta + \mathrm{i}\sin\theta, \quad v = u^{-1} = \cos\theta - \mathrm{i}\sin\theta,$$

那么

$$\cos\theta=\frac{u+v}{2},\quad \sin\theta=\frac{u-v}{2\mathrm{i}},\quad uv=1.$$

并且由 De Moivre 公式可知, 当 $n\in\mathbb{Z}$ 时,

$$u^n=\cos n\theta+\mathrm{i}\sin n\theta,\quad v^n=\cos n\theta-\mathrm{i}\sin n\theta,$$

因此

$$\cos n\theta=\frac{u^n+v^n}{2},\quad \sin n\theta=\frac{u^n-v^n}{2\mathrm{i}},\quad uv=1.$$

由此也可推出例 5.3.1 中的公式. □

例 5.3.3 保持例 5.3.2 中 u,v 的定义, 则有

$$\begin{aligned}\cos^n\theta&=\left(\frac{u+v}{2}\right)^n\\&=\frac{1}{2^n}\left(u^n+\binom{n}{1}u^{n-1}v+\binom{n}{2}u^{n-2}v^2+\cdots\right.\\&\quad\left.+\binom{n-2}{n}u^2v^{n-2}+\binom{n}{1}uv^{n-1}+v^n\right),\end{aligned}$$

由组合数的基本性质 $\binom{n}{m}=\binom{n}{n-m}$ $(m\leqslant n)$, 可将上式右边化为

$$\begin{aligned}&\frac{1}{2^n}\left((u^n+v^n)+\binom{n}{1}(u^{n-1}v+uv^{n-1})\right.\\&\left.+\binom{n}{2}(u^{n-2}v^2+u^2v^{n-2})+\cdots\right)\\&=\frac{1}{2^{n-1}}\left(\frac{u^n+v^n}{2}+\binom{n}{1}uv\cdot\frac{u^{n-2}+v^{n-2}}{2}\right.\end{aligned}$$

$$+\binom{n}{2}u^2v^2\cdot\frac{u^{n-4}+v^{n-4}}{2}+\cdots\Bigg),$$

注意 $uv=1$, 最后得到

$$\cos^n\theta=\frac{1}{2^{n-1}}\Bigg(\cos n\theta+\binom{n}{1}\cos(n-2)\theta$$
$$+\binom{n}{2}\cos(n-4)\theta+\cdots\Bigg).$$

类似地可推出

$$\sin^n\theta=\left(\frac{u-v}{2\mathrm{i}}\right)^n$$
$$=\frac{1}{2^n\mathrm{i}^n}\Bigg(u^n-\binom{n}{1}u^{n-1}v+\binom{n}{2}u^{n-2}v^2-\cdots+(-1)^nv^n\Bigg).$$

于是当 $n=2k$(偶数) 时, 有

$$\sin^{2k}\theta=\frac{(-1)^k}{2^{2k-1}}\Bigg(\frac{u^{2k}+v^{2k}}{2}-\binom{2k}{1}uv\cdot\frac{u^{2k-2}+v^{2k-2}}{2}+\cdots\Bigg)$$
$$=\frac{(-1)^k}{2^{2k-1}}\Bigg(\cos 2k\theta-\binom{2k}{1}\cos(2k-2)\theta$$
$$+\binom{2k}{2}\cos(2k-4)\theta-\cdots\Bigg);$$

当 $n=2k+1$(奇数) 时, 有

$$\sin^{2k+1}\theta=\frac{(-1)^k}{2^{2k}}\Bigg(\frac{u^{2k+1}-v^{2k+1}}{2\mathrm{i}}-\binom{2k+1}{1}uv\cdot\frac{u^{2k-1}-v^{2k-1}}{2\mathrm{i}}$$
$$+\binom{2k+1}{2}u^2v^2\cdot\frac{u^{2k-3}-v^{2k-3}}{2\mathrm{i}}-\cdots\Bigg)$$
$$=\frac{(-1)^k}{2^{2k}}\Bigg(\sin(2k+1)\theta-\binom{2k+1}{1}\sin(2k-1)\theta$$

$$+\binom{2k+1}{2}\sin(2k-3)\theta-\cdots\Big).$$

注意, 我们在此没有给出完整的公式 (但显示了规律), 对于具体的 n, 不难写出完整的表达式. 特别是当 n 不大时, 我们实际上不必套用上面的一般公式, 而可借助第 3 节中的一些公式逐步进行恒等变形 (例如例 3.7.4 等). □

例 5.3.4 应用 De Moivre 公式解例 5.1.4.

解 我们记

$$S_n=\sin x+\sin(x+d)+\sin(x+2d)+\cdots+\sin\big(x+(n-1)d\big),$$

$$C_n=\cos x+\cos(x+d)+\cos(x+2d)+\cdots+\cos\big(x+(n-1)d\big).$$

令 $z=\cos d+\mathrm{i}\sin d$. 依 De Moivre 公式及复数乘法法则, 当 $k\geqslant 0$ 时,

$$\begin{aligned}(\cos x+\mathrm{i}\sin x)z^k&=(\cos x+\mathrm{i}\sin x)(\cos kd+\mathrm{i}\sin kd)\\&=\cos(x+kd)+\mathrm{i}\sin(x+kd).\end{aligned}$$

在上式中令 $k=0,1,2,\cdots,n-1$, 然后将所得 n 个等式相加, 得到

$$(\cos x+\mathrm{i}\sin x)(1+z+\cdots+z^{n-1})=C_n+\mathrm{i}S_n.$$

注意 $z\neq 1$, 由等比级数求和公式得

$$\begin{aligned}&1+z+\cdots+z^{n-1}\\&\quad=\frac{z^n-1}{z-1}=\frac{\cos nd-1+\mathrm{i}\sin nd}{\cos d-1+\mathrm{i}\sin d}\end{aligned}$$

$$
\begin{aligned}
&=\frac{-2\sin^2\dfrac{nd}{2}+\mathrm{i}\cdot 2\sin\dfrac{nd}{2}\cos\dfrac{nd}{2}}{-2\sin^2\dfrac{d}{2}+\mathrm{i}\cdot 2\sin\dfrac{d}{2}\cos\dfrac{d}{2}}\\
&=\frac{2\sin\dfrac{nd}{2}\left(-\sin\dfrac{nd}{2}+\mathrm{i}\cos\dfrac{nd}{2}\right)}{2\sin\dfrac{d}{2}\left(-\sin\dfrac{d}{2}+\mathrm{i}\cos\dfrac{d}{2}\right)}\\
&=\frac{\sin\dfrac{nd}{2}}{\sin\dfrac{d}{2}}\cdot\frac{\left(-\sin\dfrac{nd}{2}+\mathrm{i}\cos\dfrac{nd}{2}\right)\left(\sin\dfrac{d}{2}+\mathrm{i}\cos\dfrac{d}{2}\right)}{\left(-\sin\dfrac{d}{2}+\mathrm{i}\cos\dfrac{d}{2}\right)\left(\sin\dfrac{d}{2}+\mathrm{i}\cos\dfrac{d}{2}\right)}\\
&=\frac{\sin\dfrac{nd}{2}}{\sin\dfrac{d}{2}}\left(\sin\dfrac{nd}{2}-\mathrm{i}\cos\dfrac{nd}{2}\right)\left(\sin\dfrac{d}{2}+\mathrm{i}\cos\dfrac{d}{2}\right)\\
&=\frac{\sin\dfrac{nd}{2}}{\sin\dfrac{d}{2}}\left(\cos\frac{(n-1)d}{2}+\mathrm{i}\sin\frac{(n-1)d}{2}\right).
\end{aligned}
$$

于是

$$
\begin{aligned}
&(\cos x+\mathrm{i}\sin x)(1+z+\cdots+z^{n-1})\\
&\quad=\frac{\sin\dfrac{nd}{2}\cos\left(x+\dfrac{(n-1)d}{2}\right)}{\sin\dfrac{d}{2}}+\mathrm{i}\frac{\sin\dfrac{nd}{2}\sin\left(x+\dfrac{(n-1)d}{2}\right)}{\sin\dfrac{d}{2}}.
\end{aligned}
$$

此式右边的虚部系数就是 S_n, 实部就是 C_n. □

练 习 题

5.3.1 (1) 应用 De Moivre 公式解练习题 3.3.3(2).

(2) 应用复数解例 3.7.4.

5.3.2 应用复数证明:

(1) $\cos 5\theta = 16\cos^5\theta - 20\cos^3\theta + 5\cos\theta$.

(2) $\cos^5\theta = \dfrac{1}{16}\cos 5\theta + \dfrac{5}{16}\cos 3\theta + \dfrac{5}{8}\cos\theta$.

(3) $\sin^5\theta = \dfrac{1}{16}\sin 5\theta - \dfrac{5}{16}\sin 3\theta + \dfrac{5}{8}\sin\theta$.

(4) $\sin^6\theta = -\dfrac{1}{32}\cos 6\theta + \dfrac{3}{16}\cos 4\theta - \dfrac{15}{32}\cos 2\theta + \dfrac{5}{16}$.

5.3.3 应用复数证明:

$$\begin{aligned}
&\sin x + \binom{n}{1}\sin 2x + \binom{n}{2}\sin 3x + \cdots + \binom{n}{n}\sin(n+1)x \\
&\quad = 2^n\cos^n\frac{x}{2}\sin\frac{(n+2)x}{2}, \\
&\cos x + \binom{n}{1}\cos 2x + \binom{n}{2}\cos 3x + \cdots + \binom{n}{n}\cos(n+1)x \\
&\quad = 2^n\cos^n\frac{x}{2}\cos\frac{(n+2)x}{2}.
\end{aligned}$$

5.3.4 应用复数证明:

$$\begin{aligned}
&1 + a\cos x + a^2\cos 2x + \cdots + a^n\cos nx \\
&\quad = \frac{a^{n+2}\cos nx - a^{n+1}\cos(n+1)x - a\cos x + 1}{a^2 - 2a\cos x + 1}, \\
&a\sin x + a^2\sin 2x + \cdots + a^n\sin nx \\
&\quad = \frac{a^{n+2}\sin nx - a^{n+1}\sin(n+1)x - a\sin x + 1}{a^2 - 2a\cos x + 1}.
\end{aligned}$$

5.3.5 (1) 证明:

$$\tan n\theta=\frac{\binom{n}{1}\tan\theta-\binom{n}{3}\tan^3\theta+\binom{n}{5}\tan^5\theta-\cdots}{1-\binom{n}{2}\tan^2\theta+\binom{n}{4}\tan^4\theta-\cdots}.$$

(2) 求用 $\tan x$ 表示 $\tan 6x$ 的公式.

(3) 证明:$\tan 6x=R(\cos x)\sin 2x$, 其中

$$R(t)=\frac{16t^4-16t^2+3}{32t^6-48t^4+18t^2-1}.$$

(4) 证明:

$$\tan\frac{n+1}{2}(\pi+x)=\frac{\sin x-\sin 2x+\sin 3x-\cdots+(-1)^{n-1}\sin nx}{\cos x-\cos 2x+\cos 3x-\cdots+(-1)^{n-1}\cos nx}.$$

*5.4 Vieta 定理的应用

我们知道二次方程的根与系数关系: 如果二次方程

$$ax^2+bx+c=0\quad(a\neq 0)$$

的两个根是 x_1,x_2, 那么

$$x_1+x_2=-\frac{b}{a},\quad x_1x_2=\frac{c}{a}.$$

这个结果可以扩充到一般的 $n(\geqslant 2)$ 次方程

$$a_0x^n+a_1x^{n-1}+\cdots+a_{n-1}x+a_n=0\quad(a_0\neq 0).$$

设复数 $x_1, x_2, \cdots, x_n$ 是这个方程的 n 个根 (可以证明 n 次方程恰有 n 个复数根), 对于每个 $k=1,2,\cdots,n$, 我们用 σ_k 表示所有的从 $x_1,\cdots,x_n$ 中取 k 个作出的乘积之和. 例如, 当 $n=4$ 时,

$$\begin{aligned}
&\sigma_1 = x_1+x_2+x_3+x_4,\\
&\sigma_2 = x_1x_2+x_1x_3+x_1x_4+x_2x_3+x_2x_4+x_3x_4,\\
&\sigma_3 = x_1x_2x_3+x_1x_2x_4+x_2x_3x_4,\\
&\sigma_4 = x_1x_2x_3x_4.
\end{aligned}$$

Vieta 定理给出 $n(\geqslant 2)$ 次方程的根与系数的关系:

$$\sigma_k = (-1)^k \frac{a_k}{a_0} \quad (k=1,2,\cdots,n),$$

也就是

$$\sigma_1 = -\frac{a_1}{a_0}, \quad \sigma_2 = \frac{a_2}{a_0}, \quad \sigma_3 = -\frac{a_3}{a_0}, \quad \cdots, \quad \sigma_n = (-1)^n \frac{a_n}{a_0}.$$

前面提到的二次方程的根与系数关系就是它当 $n=2$ 时的特殊情形. 这个定理的证明与二次方程情形类似, 即由等式

$$a_0x^n + a_1x^{n-1} + \cdots + a_{n-1}x + a_n = a_0(x-x_1)(x-x_2)\cdots(x-x_n)$$

出发, 将右边 $(x-x_1)(x-x_2)\cdots(x-x_n)$ 展开为

$$x^n - \sigma_1 x^{n-1} + \sigma_2 x^{n-2} + \cdots + (-1)^{n-1}\sigma_{n-1}x + (-1)^n \sigma_n,$$

然后比较等式两边 x 的同次幂的系数, 就可得到所说的关系式 (当然, 严格的证明要用到关于多项式的一些性质).

依据 Vieta 定理, 我们特别有

$$x_1+x_2+\cdots+x_n=-\frac{a_1}{a_0},$$
$$x_1x_2\cdots x_n=(-1)^n\frac{a_n}{a_0}.$$

应用它们可以证明某些特殊的三角恒等式, 或计算某些特殊的三角函数的和或积.

例 5.4.1 证明:

(1) $(1-\cos\theta)\left(1-\cos\left(\theta+\frac{2\pi}{n}\right)\right)\left(1-\cos\left(\theta+\frac{4\pi}{n}\right)\right)\cdots\left(1-\cos\left(\theta+\frac{2(n-1)\pi}{n}\right)\right)=\frac{1-\cos n\theta}{2^{n-1}}$.

(2) $\cos\theta\cos\left(\theta+\frac{2\pi}{n}\right)\cos\left(\theta+\frac{4\pi}{n}\right)\cdots\cos\left(\theta+\frac{2(n-1)\pi}{n}\right)=(-1)^{n-1}\frac{\cos n\theta}{2^{n-1}}$.

(3) $\cos\frac{\pi}{9}\cos\frac{2\pi}{9}\cos\frac{3\pi}{9}\cos\frac{4\pi}{9}=\frac{1}{16}$.

解 (1) 我们令

$$P_n(x)=(x-\cos\theta)\left(x-\cos\left(\theta+\frac{2\pi}{n}\right)\right)\left(x-\cos\left(\theta+\frac{4\pi}{n}\right)\right)\cdots\cdot\left(x-\cos\left(\theta+\frac{2(n-1)\pi}{n}\right)\right),$$

于是题中等式的左边等于 $P_n(1)$. 由例 5.3.1 可知

$$\cos n\theta=\cos^n\theta-\binom{n}{2}\sin^2\theta\cos^{n-2}\theta+\binom{n}{4}\sin^4\theta\cos^{n-4}\theta-\cdots.$$

因为 $\sin^2\theta=1-\cos^2\theta$, 并且上式右边所有 $\sin\theta$ 的幂都是偶数

次, 所以推出 n 次方程

$$
\begin{aligned}
x^n-\binom{n}{2}(1-x^2)x^{n-2}+\binom{n}{4}(1-x^2)^2x^{n-4}&\\
-\cdots-\cos n\theta=0& \qquad (1)
\end{aligned}
$$

有一个根 $x=\cos\theta$. 同样, 若令

$$\phi=\theta+\frac{2\pi}{n},$$

则有

$$
\begin{aligned}
\cos n\phi=\cos^n\phi-\binom{n}{2}\sin^2\phi\cos^{n-2}\phi&\\
+\binom{n}{4}\sin^4\phi\cos^{n-4}\phi-\cdots.&
\end{aligned}
$$

于是 n 次方程

$$
\begin{aligned}
x^n-\binom{n}{2}(1-x^2)x^{n-2}+\binom{n}{4}(1-x^2)^2x^{n-4}&\\
-\cdots-\cos n\phi=0& \qquad (2)
\end{aligned}
$$

有一个根 $x=\cos\phi$. 但因为 $\cos n\theta=\cos n\phi$, 所以方程 (1) 和 (2) 实际是同一个方程, 因此方程 (1) 有 2 个不同的根

$$x_1=\cos\theta,\quad x_2=\cos\left(\theta+\frac{2\pi}{n}\right).$$

由同样的推理可知

$$x_3=\cos\left(\theta+\frac{4\pi}{n}\right),\quad \cdots,\quad x_n=\cos\left(\theta+\frac{2(n-1)\pi}{n}\right)$$

也都是方程 (1) 的根. 注意 $\cos t$ 以 2π 为周期, 当 k 取 $0,1,\cdots,n-1$ 以外的整数值时, $\cos\left(\theta+\dfrac{2k\pi}{n}\right)$ 将重复取值 $x_1,x_2,\cdots,x_n$, 而且因为 n 次方程恰有 n 个根, 因此我们得知 $x_1,x_2,\cdots,x_n$ 就是方程 (1) 的所有根. 于是

$$\begin{aligned}&x^n-\binom{n}{2}(1-x^2)x^{n-2}+\binom{n}{4}(1-x^2)^2x^{n-4}-\cdots-\cos n\theta\\&\quad=a_0(x-x_1)(x-x_2)\cdots(x-x_n),\end{aligned}$$

其中 a_0 是方程 (1) 的最高次项系数. 因为式 (1) 中出现 x^n 的项是:

$$\begin{gathered}x^n,\quad\binom{n}{2}(1-x^2)x^{n-2}=\binom{n}{2}x^n+\cdots,\\\binom{n}{4}(1-x^2)^2x^{n-4}=\binom{n}{4}x^n+\cdots,\quad\cdots,\end{gathered}$$

所以

$$a_0=1+\binom{n}{2}+\binom{n}{4}+\binom{n}{6}+\cdots.$$

注意 $(1-1)^n=0,(1+1)^n=2^n$, 将它们的左边按二项式定理展开可知

$$\begin{aligned}1-\binom{n}{1}+\binom{n}{2}-\binom{n}{3}+\binom{n}{4}-\cdots=0,\\1+\binom{n}{1}+\binom{n}{2}+\binom{n}{3}+\binom{n}{4}+\cdots=2^n,\end{aligned}$$

将此二式相加即得 $2a_0=2^n$, 因此 $a_0=2^{n-1}$. 于是我们最终得到

$$x^n-\binom{n}{2}(1-x^2)x^{n-2}+\binom{n}{4}(1-x^2)^2x^{n-4}-\cdots-\cos n\theta$$

$$= 2^{n-1}P_n(x).$$

在此式中令 $x=1$, 得 $1-\cos n\theta = 2^{n-1}P_n(1)$, 这正是所要证的恒等式.

(2) 考虑方程 (1) 的 n 个根的积, 应用 Vieta 定理即得本题中的公式.

(3) 在本题 (2) 的公式中令 $n=9, \theta=0$, 可得

$$\cos 0 \cos\frac{2\pi}{9}\cos\frac{4\pi}{9}\cos\frac{6\pi}{9}\cos\frac{8\pi}{9}\cos\frac{10\pi}{9}\cos\frac{12\pi}{9}\cos\frac{14\pi}{9}\cos\frac{16\pi}{9} = \frac{1}{2^8}.$$

即

$$\begin{aligned}&1\cdot\cos\frac{2\pi}{9}\cos\frac{4\pi}{9}\left(-\cos\frac{3\pi}{9}\right)\left(-\cos\frac{\pi}{9}\right)\\&\cdot\left(-\cos\frac{\pi}{9}\right)\left(-\cos\frac{3\pi}{9}\right)\cos\frac{4\pi}{9}\cos\frac{2\pi}{9}\\&\quad=\frac{1}{2^8},\end{aligned}$$

也即

$$\left(\cos\frac{\pi}{9}\cos\frac{2\pi}{9}\cos\frac{3\pi}{9}\cos\frac{4\pi}{9}\right)^2=\frac{1}{2^8}.$$

两边开平方, 即得所要的结果. □

注 对方程 (1) 应用 Vieta 定理可知其诸根之和

$$\begin{aligned}&\cos\theta+\cos\left(\theta+\frac{2\pi}{n}\right)+\cos\left(\theta+\frac{4\pi}{n}\right)+\cdots\\&\quad+\cos\left(\theta+\frac{2(n-1)\pi}{n}\right)=0.\end{aligned}$$

这也可由例 5.1.4 中的第二个公式得到.

例 5.4.2 计算:$\csc^2\dfrac{\pi}{9}+\csc^2\dfrac{2\pi}{9}+\csc^2\dfrac{4\pi}{9}$.

解 因为 (由例 5.3.1)

$$\sin 9\theta = 256\sin^9\theta - 576\sin^7\theta + 432\sin^5\theta - 120\sin^3\theta + 9\sin\theta,$$

所以如果 θ 满足条件

$$\sin 9\theta = 0,\quad \sin\theta \neq 0, \tag{3}$$

那么 $x=\sin\theta$ 就是 8 次方程

$$256x^8 - 576x^6 + 432x^4 - 120x^3 + 9 = 0 \tag{4}$$

的一个根. 因为 $\theta=\dfrac{k\pi}{9}\,(k\in\mathbb{Z}, k\neq 0)$ 都满足条件 (3), 并且 8 次方程恰有 8 个根, 注意 $\sin t$ 以 2π 为周期, 因此方程 (4) 的全部根是

$$\pm\sin\frac{k\pi}{9}\quad (k=1,2,3,4)$$

(它们全不等于 0). 在方程 (4) 中令 $y=\dfrac{1}{x}$, 可知方程

$$9y^8 - 120y^6 + 432y^4 - 576y^2 + 256 = 0 \tag{5}$$

的全部根是

$$\pm\csc\frac{k\pi}{9}\quad (k=1,2,3,4).$$

方程 (5) 只出现 x 的偶次幂, 我们在其中令 $t=y^2$, 可知 4 次方程

$$9t^4 - 120t^3 + 432t^2 - 576t + 256 = 0 \tag{6}$$

的全部根是

$$\csc^2 \frac{k\pi}{9} \quad (k=1,2,3,4).$$

由 Vieta 定理可知方程 (6) 的诸根之和

$$\csc^2 \frac{\pi}{9} + \csc^2 \frac{2\pi}{9} + \csc^2 \frac{3\pi}{9} + \csc^2 \frac{4\pi}{9} = \frac{120}{9}.$$

因为 $\csc^2 \frac{3\pi}{9} = \frac{4}{3}$, 所以最终得到

$$\csc^2 \frac{\pi}{9} + \csc^2 \frac{2\pi}{9} + \csc^2 \frac{4\pi}{9} = 12. \qquad \square$$

练 习 题

5.4.1 证明:

(1) $\sin\theta \sin\left(\theta + \frac{\pi}{n}\right) \sin\left(\theta + \frac{2\pi}{n}\right) \cdots \sin\left(\theta + \frac{(n-1)\pi}{n}\right) = \frac{\sin n\theta}{2^{n-1}}$.

(2) $\sin\left(\theta + \frac{\pi}{2n}\right) \sin\left(\theta + \frac{3\pi}{2n}\right) \cdots \sin\left(\theta + \frac{(2n-1)\pi}{2n}\right) = \frac{\cos n\theta}{2^{n-1}}$.

(3) $\sin\theta \sin\left(\theta + \frac{\pi}{n}\right) \sin\left(\theta + \frac{2\pi}{n}\right) \cdots \sin\left(\theta + \frac{(2n-1)\pi}{n}\right) = (-1)^n \frac{\sin^2 n\theta}{4^{n-1}}$.

5.4.2 证明:

$$\cos\theta \cos\left(\theta + \frac{\pi}{n}\right) \cos\left(\theta + \frac{2\pi}{n}\right) \cdots \cos\left(\theta + \frac{(n-1)\pi}{n}\right) = \begin{cases} (-1)^m \frac{\sin 2m\theta}{2^{2m-1}} & (n=2m), \\ (-1)^m \frac{\cos(2m+1)\theta}{2^{2m}} & (n=2m+1). \end{cases}$$

5.4.3 证明:$\sin\frac{\pi}{7}\sin\frac{2\pi}{7}\sin\frac{3\pi}{7}=\frac{\sqrt{7}}{8}$.

5.5 三角恒等变形杂例

例 5.5.1 设 $\sin\alpha+\cos\alpha=a$, 求 $\sin^5\alpha+\cos^5\alpha$.

分析 从分析已知条件与所要计算的式子间的关系入手,可考虑应用多项式 x^5+y^5 的因式分解公式.

解 因为

$$
\begin{aligned}
x^5+y^5&=(x^5+x^4y)-(x^4y+x^3y^2)+(x^3y^2+x^2y^3)\\
&\quad-(x^2y^3+xy^4)+(xy^4+y^5)\\
&=x^4(x+y)-x^3y(x+y)+x^2y^2(x+y)\\
&\quad-xy^3(x+y)+y^4(x+y)\\
&=(x+y)(x^4-x^3y+x^2y^2-xy^3+y^4),
\end{aligned}
$$

所以

$$
\begin{aligned}
&\sin^5\alpha+\cos^5\alpha\\
&\quad=(\sin\alpha+\cos\alpha)\\
&\qquad\cdot(\sin^4\alpha-\sin^3\alpha\cos\alpha+\sin^2\alpha\cos^2\alpha-\sin\alpha\cos^3\alpha+\cos^4\alpha)\\
&\quad=a(\sin^4\alpha-\sin^3\alpha\cos\alpha+\sin^2\alpha\cos^2\alpha-\sin\alpha\cos^3\alpha+\cos^4\alpha)\\
&\quad=a\big((\sin^4\alpha+\cos^4\alpha)-\sin\alpha\cos\alpha(\sin^2\alpha+\cos^2\alpha)\\
&\qquad+\sin^2\alpha\cos^2\alpha\big)
\end{aligned}
$$

$$
\begin{aligned}
&= a\left((\sin^2\alpha+\cos^2\alpha)^2-2\sin^2\alpha\cos^2\alpha-\sin\alpha\cos\alpha\right.\\
&\quad \left.+\sin^2\alpha\cos^2\alpha\right)\\
&= a(1-\sin^2\alpha\cos^2\alpha-\sin\alpha\cos\alpha).
\end{aligned}
$$

为求 $\sin\alpha\cos\alpha$, 将已知条件 $\sin\alpha+\cos\alpha=a$ 两边平方, 得

$$(\sin^2\alpha+\cos^2\alpha)+2\sin\alpha\cos\alpha=a^2,$$

因此

$$\sin\alpha\cos\alpha=\frac{a^2-1}{2},$$

于是

$$\sin^5\alpha+\cos^5\alpha=a\left(1-\frac{(a^2-1)^2}{4}-\frac{a^2-1}{2}\right)=\frac{1}{4}a(5-a^4).$$

□

例 5.5.2 设 $n\geqslant 2,\phi_1,\phi_2,\cdots,\phi_{n-1}$ 是任意实数, 令

$$
\begin{aligned}
&x_1=\sin\phi_1,\\
&x_2=\cos\phi_1\sin\phi_2,\\
&x_3=\cos\phi_1\cos\phi_2\sin\phi_3,\\
&\cdots,\\
&x_{n-1}=\cos\phi_1\cos\phi_2\cdots\cos\phi_{n-2}\sin\phi_{n-1},\\
&x_n=\cos\phi_1\cos\phi_2\cdots\cos\phi_{n-2}\cos\phi_{n-1},
\end{aligned}
$$

则 $x_1^2+x_2^2+\cdots+x_n^2=1$.

分析　先试 $n=2,3$ 等, 可发现规律.

解 依次计算, 我们首先有

$$\begin{aligned}
&x_{n-1}^2+x_n^2\\
&\quad=\cos^2\phi_1\cos^2\phi_2\cdots\cos^2\phi_{n-2}\sin^2\phi_{n-1}\\
&\qquad+\cos^2\phi_1\cos^2\phi_2\cdots\cos^2\phi_{n-2}\cos^2\phi_{n-1}\\
&\quad=\cos^2\phi_1\cos^2\phi_2\cdots\cos^2\phi_{n-2}(\sin^2\phi_{n-1}+\cos^2\phi_{n-1})\\
&\quad=\cos^2\phi_1\cos^2\phi_2\cdots\cos^2\phi_{n-2},
\end{aligned}$$

其次有

$$\begin{aligned}
&x_{n-2}^2+x_{n-1}^2+x_n^2\\
&\quad=x_{n-2}^2+(x_{n-1}^2+x_n^2)\\
&\quad=\cos^2\phi_1\cos^2\phi_2\cdots\cos^2\phi_{n-3}\sin^2\phi_{n-2}\\
&\qquad+\cos^2\phi_1\cos^2\phi_2\cdots\cos^2\phi_{n-3}\cos^2\phi_{n-2}\\
&\quad=\cos^2\phi_1\cos^2\phi_2\cdots\cos^2\phi_{n-3}(\sin^2\phi_{n-2}+\cos^2\phi_{n-2})\\
&\quad=\cos^2\phi_1\cos^2\phi_2\cdots\cos^2\phi_{n-3},
\end{aligned}$$

等等, 直至得到 $x_3^2+\cdots+x_n^2=\cos^2\phi_1\cos^2\phi_2$, 从而

$$\begin{aligned}
x_2^2+x_3^2+\cdots+x_n^2&=\cos^2\phi_1\sin^2\phi_2+\cos^2\phi_1\cos^2\phi_2\\
&=\cos^2\phi_1(\sin^2\phi_2+\cos^2\phi_2)\\
&=\cos^2\phi_1,
\end{aligned}$$

$$x_1^2+x_2^2+\cdots+x_n^2=\sin^2\phi_1+\cos^2\phi_1=1.$$ □

例 5.5.3 化简

$$f(x)=\left(\sqrt{\frac{1-\sin x}{1+\sin x}}-\sqrt{\frac{1+\sin x}{1-\sin x}}\right)\left(\sqrt{\frac{1-\cos x}{1+\cos x}}-\sqrt{\frac{1+\cos x}{1-\cos x}}\right).$$

解 注意根号下的表达式全非负, 并且 $1\pm\sin x\geqslant 0$. 我们有

$$\begin{aligned}&\sqrt{\frac{1-\sin x}{1+\sin x}}-\sqrt{\frac{1+\sin x}{1-\sin x}}\\&\quad=\sqrt{\frac{(1-\sin x)^2}{1-\sin^2 x}}-\sqrt{\frac{(1+\sin x)^2}{1-\sin^2 x}}\\&\quad=\frac{(1-\sin x)-(1+\sin x)}{\sqrt{1-\sin^2 x}}\\&\quad=-\frac{2\sin x}{|\cos x|}.\end{aligned}$$

类似地,

$$\sqrt{\frac{1-\cos x}{1+\cos x}}-\sqrt{\frac{1+\cos x}{1-\cos x}}=-\frac{2\cos x}{|\sin x|}.$$

因此

$$f(x)=\frac{4\sin x\cos x}{|\sin x||\cos x|}.$$

讨论 $\sin x$ 和 $\cos x$ 的符号可得 (细节留待读者)

$$f(x)=\begin{cases}4 & (x\ \text{的终边落在第 1 和第 3 象限内部}),\\-4 & (x\ \text{的终边落在第 2 和第 4 象限内部}).\end{cases}$$

注意, 当 x 的终边落在第 1 象限内部时, $2k\pi<x<2k\pi+\dfrac{\pi}{2}$; 落在第 2 象限内部时, $2k\pi+\dfrac{\pi}{2}<x<(2k+1)\pi$; 落在第 3 象限内部时, $(2k+1)\pi<x<2k\pi+\dfrac{3\pi}{2}$; 落在第 4 象限内部时, $2k\pi+\dfrac{3\pi}{2}<x<2(k+1)\pi$. 此处 $k\in\mathbb{Z}$. □

例 5.5.4 设 $0<\alpha,\beta,\gamma<\dfrac{\pi}{2}$, 求使得 $0<\alpha+\beta+\gamma<\dfrac{\pi}{2}$ 的一个充分必要条件.

解 记 $\sigma=\alpha+\beta+\gamma$. 由题设条件可知 $0<\sigma<\dfrac{3\pi}{2}$. 若 $0<\sigma<\dfrac{\pi}{2}$, 则 $\cos\sigma>0$; 若 $\dfrac{\pi}{2}\leqslant\sigma<\dfrac{3\pi}{2}$, 则 $\cos\sigma\leqslant 0$. 因为在 $0<\sigma<\dfrac{3\pi}{2}$ (它被划分为 $0<\sigma<\dfrac{\pi}{2}$ 和 $\dfrac{\pi}{2}\leqslant\sigma<\dfrac{3\pi}{2}$) 的条件下 $\cos\sigma>0$ 与 $\cos\sigma\leqslant 0$ 是互相排斥的两种情形, 因此 $0<\sigma<\dfrac{\pi}{2}$ 成立的充分必要条件是 $\cos\sigma>0$. 由 3 角之和的余弦公式可知,

$$\begin{aligned}\cos\sigma=&\cos\alpha\cos\beta\cos\gamma\\&\cdot(1-\tan\alpha\tan\beta-\tan\beta\tan\gamma-\tan\gamma\tan\alpha),\end{aligned}$$

并且 $\cos\alpha\cos\beta\cos\gamma>0$, 因此所求的充分必要条件是 $\tan\alpha\tan\beta+\tan\beta\tan\gamma+\tan\gamma\tan\alpha<1$. □

例 5.5.5 确定 x,y,z 满足的充分必要条件, 使得

$$\cos^2x+\cos^2y+\cos^2z+2\cos x\cos y\cos z=1$$

成立; 并讨论当限定 x,y,z 为锐角时, 它们所满足的充分必要条件.

分析 已知条件中 x,y,z "独立" 地作为余弦函数的自变量, 如将题中表达式 (变形为右边为 0 的形式) 化为乘积形式, 就为解决问题提供更合适的前提.

解 令 $\sigma=\cos^2x+\cos^2y+\cos^2z+2\cos x\cos y\cos z-1$, 我们首先将它化为乘积形式. 因为 (参见例 3.1.1 或例 3.5.8)

$$\cos^2y+\cos^2z-1=\cos^2y-\sin^2z=\cos(y+z)\cos(y-z),$$

以及

$$2\cos x\cos y\cos z=\cos x\big(\cos(y+z)+\cos(y-z)\big),$$

所以

$$\sigma=\cos^2 x+\cos x\big(\cos(y+z)+\cos(y-z)\big)+\cos(y+z)\cos(y-z).$$

注意 $a^2+a(b+c)+bc=(a+b)(a+c)$(左边式子容易用分组或十字相乘方法分解), 我们有

$$\begin{aligned}\sigma&=\big(\cos x+\cos(y+z)\big)\big(\cos x+\cos(y-z)\big)\\&=4\cos\frac{x+y+z}{2}\cos\frac{-x+y+z}{2}\cos\frac{x+y-z}{2}\cos\frac{x-y+z}{2}.\end{aligned}$$

题中等式等价于 $\sigma=0$, 因此所求的充分必要条件是至少存在一个整数 $k_i(1\leqslant i\leqslant 4)$ 使得下列四式中有一个成立:

$$x+y+z=(2k_1+1)\pi,\quad -x+y+z=(2k_2+1)\pi,$$

$$x-y+z=(2k_3+1)\pi,\quad x+y-z=(2k_4+1)\pi.$$

如果限定 x,y,z 都是锐角, 那么上面 4 个式子中的后 3 个不可能成立. 例如, 容易推出此时 $-\dfrac{\pi}{2}<-x+y+z<\pi$, 因而 $-x+y+z$ 不可能等于 π 的奇数倍. 于是题中等式成立的充分必要条件是存在整数 k_1, 使得 $x+y+z=(2k_1+1)\pi$. 注意 $0<x+y+z<\dfrac{3\pi}{2}$, 所以只可能 $k_1=0$. 于是 $x+y+z=\pi$, 即 x,y,z 是一个锐角三角形的三个内角. □

例 5.5.6 将下式化为积的形式:

$$F(x)=(\sin x+\sin 2x+\sin 3x)^3-\sin^3 x-\sin^3 2x-\sin^3 3x.$$

分析　题中表达式的特殊形式提醒我们首先应用因式分解的技巧,将所给表达式化成几个三角表达式的乘积形式.

解　用分组分解方法可得

$$
\begin{aligned}
&(x+y+z)^3-x^3-y^3-z^3\\
&\quad=\big((x+y+z)^3-x^3\big)-(y^3+z^3)\\
&\quad=\big((x+y+z)-x\big)\big((x+y+z)^2+x(x+y+z)+x^2\big)\\
&\qquad-(y+z)(y^2-yz+z^2)\\
&\quad=(y+z)\big((x+y+z)^2+x(x+y+z)+x^2-(y^2-yz+z^2)\big)\\
&\quad=(y+z)(3x^2+3xy+3yz+3zx)\\
&\quad=3(y+z)\big(x(x+y)+z(x+y)\big)\\
&\quad=3(x+y)(y+z)(z+x).
\end{aligned}
$$

由此可知

$$
\begin{aligned}
F(x)&=3(\sin x+\sin 2x)(\sin 2x+\sin 3x)(\sin 3x+\sin x)\\
&=3\cdot 2\sin\frac{3x}{2}\cos\frac{x}{2}\cdot 2\sin\frac{5x}{2}\cos\frac{x}{2}\cdot 2\sin 2x\cos x\\
&=24\sin\frac{3x}{2}\sin\frac{5x}{2}\sin 2x\cos^2\frac{x}{2}\cos x.
\end{aligned}
$$

□

例 5.5.7　证明:

$$
\begin{aligned}
&\sin x\sin(y-z)\sin(y+z-x)+\sin y\sin(z-x)\sin(z+x-y)\\
&+\sin z\sin(x-y)\sin(x+y-z)\\
&\quad=2\sin(x-y)\sin(y-z)\sin(z-x).
\end{aligned}
$$

分析 如果在要证的等式中将 x,y,z 作轮换, 即同时将 x 换为 y, y 换为 z, z 换为 x, 那么该等式不变, 这个特性可使计算简化.

解 左边后二项可由其前一项对自变量 x,y,z 作轮换得到, 所以只需考虑第一项, 它等于

$$\begin{aligned}
&\frac{1}{2}\big(\cos(x-y+z)-\cos(x+y-z)\big)\sin(y+z-x)\\
&\quad=\frac{1}{2}\sin(y+z-x)\cos(x-y+z)-\frac{1}{2}\sin(y+z-x)\\
&\qquad\cdot\cos(x+y-z)\\
&\quad=\frac{1}{4}\left(\sin 2z+\sin(2y-2x)-\sin 2y-\sin(2z-2x)\right).
\end{aligned}$$

在最后一式中作两次自变量的轮换, 然后将它们 (三个式子) 相加, 可知左边等于

$$\begin{aligned}
&\frac{1}{2}\big(\sin 2(y-x)+\sin 2(z-y)+\sin 2(x-z)\big)\\
&\quad=\frac{1}{2}\big(\sin 2(y-x)+\sin 2(z-y)\big)+\frac{1}{2}\sin 2(x-z)\\
&\quad=\sin(z-x)\cos(2y-x-z)+\sin(x-z)\cos(x-z)\\
&\quad=\sin(z-x)\big(\cos(2y-x-z)-\cos(x-z)\big)\\
&\quad=2\sin(z-x)\big(-\sin(y-z)\sin(y-x)\big)\\
&\quad=\text{右边}.
\end{aligned}$$

□

例 5.5.8 证明:

$$\begin{aligned}
&\cos x(\cos 3y-\cos 3z)+\cos y(\cos 3z-\cos 3x)\\
&\quad+\cos z(\cos 3x-\cos 3y)
\end{aligned}$$

$$= 4(\cos x - \cos y)(\cos y - \cos z)(\cos z - \cos x)$$
$$\cdot (\cos x + \cos y + \cos z).$$

解 因为 $\cos 3\alpha = 4\cos^3\alpha - 3\cos\alpha$, 所以

$$\begin{aligned}&\cos x(\cos 3y - \cos 3z)\\&= \cos x\big(4(\cos^3 y - \cos^3 z) - 3(\cos y - \cos z)\big)\\&= 4\cos x(\cos^3 y - \cos^3 z) - 3\cos x(\cos y - \cos z).\end{aligned}$$

将字母 x, y, z 轮换, 可得

$$\begin{aligned}&\cos y(\cos 3z - \cos 3x)\\&= 4\cos y(\cos^3 z - \cos^3 x) - 3\cos y(\cos z - \cos x),\\&\cos z(\cos 3x - \cos 3y)\\&= 4\cos z(\cos^3 x - \cos^3 y) - 3\cos z(\cos x - \cos y).\end{aligned}$$

于是题中等式的左边等于

$$4\big(\cos x(\cos^3 y - \cos^3 z) + \cos y(\cos^3 z - \cos^3 x)$$
$$+ \cos z(\cos^3 x - \cos^3 y)\big).$$

现在应用因式分解式

$$a(b^3 - c^3) + b(c^3 - a^3) + c(a^3 - b^3) = (a-b)(b-c)(c-a)(a+b+c),$$

在其中令 $a = \cos x, b = \cos y, c = \cos z$, 立知等式左边等于右边.

□

注 上面的因式分解可如下进行:

$$\begin{aligned}
&a(b^3-c^3)+b(c^3-a^3)+c(a^3-b^3)\\
&\quad=ab^3-ac^3+bc^3-ba^3+c(a^3-b^3)\\
&\quad=(ab^3-ba^3)-(ac^3-bc^3)+c(a^3-b^3)\\
&\quad=-ab(a^2-b^2)-c^3(a-b)+c(a-b)(a^2+ab+b^2)\\
&\quad=(a-b)(-a^2b-ab^2-c^3+a^2c+abc+b^2c)\\
&\quad=(a-b)\big(-a^2(b-c)-ab(b-c)+c(b^2-c^2)\big)\\
&\quad=(a-b)(b-c)(-a^2-ab+bc+c^2)\\
&\quad=(a-b)(b-c)\big((c^2-a^2)+b(c-a)\big)\\
&\quad=(a-b)(b-c)(c-a)(a+b+c).
\end{aligned}$$

例 5.5.9 证明:

$$\cos\frac{\pi}{7}-\cos\frac{2\pi}{7}+\cos\frac{3\pi}{7}=\frac{1}{2}.$$

解 这里给出五种解法 (其中后三种解法本质上相同或类似).

解法 1 记 $\theta=\dfrac{\pi}{7}$. 那么 $7\theta=\pi$, 从而 $\sin 4\theta=\sin(7\theta-3\theta)=\sin(\pi-3\theta)=\sin 3\theta$, 于是

$$2\sin 2\theta\cos 2\theta=3\sin\theta-4\sin^3\theta,$$

即

$$4\sin\theta\cos\theta(2\cos^2\theta-1)=\sin\theta(3-4\sin^2\theta).$$

因为 $\sin\theta\neq 0$, 所以

$$8\cos^3\theta-4\cos\theta=3-4\sin^2\theta.$$

此式可变形为

$$2(4\cos^3\theta-3\cos\theta)-2(1-2\sin^2\theta)+2\cos\theta-1=0,$$

即

$$2(\cos 3\theta-\cos 2\theta+\cos\theta)=1,$$

由此立得所要结果.

解法 2 记 $\theta=\frac{\pi}{7}$. 则 $\cos 2\theta=\cos(7\theta-5\theta)=\cos(\pi-5\theta)=-\cos 5\theta$, 于是 $\cos 3\theta-\cos 2\theta+\cos\theta=\cos\theta+\cos 3\theta+\cos 5\theta$, 将此和记为 y. 那么

$$\begin{aligned}2y^2&=2(\cos\theta+\cos 3\theta+\cos 5\theta)^2\\&=2(\cos^2\theta+\cos^2 3\theta+\cos^2 5\theta)\\&\quad+4(\cos\theta\cos 3\theta+\cos\theta\cos 5\theta+\cos 3\theta\cos 5\theta)\\&=(1+\cos 2\theta)+(1+\cos 6\theta)+(1+\cos 10\theta)\\&\quad+2(\cos 4\theta+\cos 2\theta+\cos 6\theta+\cos 4\theta+\cos 8\theta+\cos 2\theta)\\&=3+5\cos 2\theta+4\cos 4\theta+3\cos 6\theta+2\cos 8\theta+\cos 10\theta.\end{aligned}$$

由 $\theta=\frac{\pi}{7}$ 可知 $\cos 4\theta=-\cos 3\theta,\cos 6\theta=-\cos\theta,\cos 8\theta=-\cos\theta$, $\cos 10\theta=-\cos 3\theta$, 所以上式等于 $3-5(\cos 3\theta-\cos 2\theta+\cos\theta)=3-5y$, 于是最终我们得知 $\cos 3\theta-\cos 2\theta+\cos\theta$ 满足方程

$$2y^2=3-5y.$$

此方程有两个根:$\frac{1}{2}$ 和 -3, 后者显然不合题意, 所以得到所要结果.

解法 3 如果 $\cos 7\theta=-1$, 那么 $7\theta=2k\pi+\pi$, 因此 $\theta=\frac{(2k+1)\pi}{7}\,(k\in\mathbb{Z})$. 因为 $7\theta=(2k+1)\pi, 4\theta=(2k+1)\pi-3\theta$, 所以

$$\cos 4\theta=-\cos 3\theta.$$

此等式可化为

$$2(2\cos^2\theta-1)^2-1=-(4\cos^3\theta-3\cos\theta),$$

即

$$8\cos^4\theta+4\cos^3\theta-8\cos^2\theta-3\cos\theta+1=0.$$

因此, 如果

$$\theta=\frac{(2k+1)\pi}{7}\quad(k\in\mathbb{Z}),$$

那么 $\cos\theta$ 就是 4 次方程

$$8x^4+4x^3-8x^2-3x+1=0$$

的一个根. 我们取 $k=0,1,2,3$, 可知

$$\cos\frac{\pi}{7},\quad \cos\frac{3\pi}{7},\quad \cos\frac{5\pi}{7},\quad \cos\pi$$

都是上述 4 次方程的根. 而当 k 取其他整数值时, 由于余弦函数的周期性, $\cos\theta$ 将重复取上述四个值. 由于 4 次方程恰有 4 个根, 因此方程

$$8x^4+4x^3-8x^2-3x+1=0$$

的全部根就是 $\cos\frac{\pi}{7},\cos\frac{3\pi}{7},\cos\frac{5\pi}{7},\cos\pi$. 由此及 Vieta 定理得到

$$\cos\frac{\pi}{7}+\cos\frac{3\pi}{7}+\cos\frac{5\pi}{7}+\cos\pi=-\frac{4}{8}=-\frac{1}{2},$$

于是

$$\cos\frac{\pi}{7}+\cos\frac{3\pi}{7}+\cos\frac{5\pi}{7}=-\frac{1}{2}-\cos\pi=\frac{1}{2}.$$

解法 4 记 $\theta=\frac{\pi}{7}$. 我们有

$$\begin{aligned}&\cos\theta-\cos 2\theta+\cos 3\theta\\&\quad=\cos\theta-(2\cos^2\theta-1)+4\cos^3\theta-3\cos\theta\\&\quad=4\cos^3\theta-2\cos^2\theta-2\cos\theta+1.\end{aligned}$$

例 5.5.17(1) 已证 $\cos 6\theta$ 是方程 $8x^3+4x^2-4x-1=0$ 的根, 又因为 $\cos 6\theta=-\cos\theta$, 所以 $\cos\theta$ 是方程

$$8(-x)^3+4(-x)^2-4(-x)-1=0$$

即

$$8x^3-4x^2-4x+1=0$$

的根, 于是

$$8\cos^3\theta-4\cos^2\theta-4\cos\theta+1=0.$$

由此以及前面所得关系式推出

$$\cos\theta-\cos 2\theta+\cos 3\theta$$

$$
\begin{aligned}
&= 4\cos^3\theta - 2\cos^2\theta - 2\cos\theta + 1 \\
&= \frac{1}{2}(8\cos^3\theta - 4\cos^2\theta - 4\cos\theta + 1) + \frac{1}{2} \\
&= \frac{1}{2}\cdot 0 + \frac{1}{2} = \frac{1}{2}.
\end{aligned}
$$

解法 5 记 $\theta = \frac{\pi}{7}$. 我们有

$$\cos 3\theta - \cos 2\theta + \cos\theta = -(\cos 4\theta + \cos 2\theta + \cos 6\theta).$$

例 5.5.17(1) 已证 $\cos 2\theta, \cos 4\theta, \cos 6\theta$ 是方程 $8x^3 + 4x^2 - 4x - 1 = 0$ 的根, 依 Vieta 定理,

$$\cos 2\theta + \cos 4\theta + \cos 6\theta = -\frac{4}{8} = -\frac{1}{2},$$

由此立得结果. □

例 5.5.10 求 $\sin 18°, \cos 18°, \tan 18°$ 的值.

解 记 $\theta = 18°$. 因为 $5\theta = 90°, 2\theta = 90° - 3\theta$, 所以 $\sin 2\theta = \cos 3\theta$. 应用二倍角和三倍角公式, 由此推出

$$2\sin\theta\cos\theta = 4\cos^3\theta - 3\cos\theta.$$

因为 $\cos\theta \neq 0$, 所以 $2\sin\theta = 4\cos^2\theta - 3$, 即 $2\sin\theta = 4(1 - \sin^2\theta) - 3$, 于是得知 $\sin\theta$ 满足方程

$$4x^2 + 2x - 1 = 0.$$

此方程的两个根是 $x = \frac{-1 \pm \sqrt{5}}{4}$. 因为 $\sin\theta > 0$, 所以

$$\sin 18° = \frac{\sqrt{5} - 1}{4}.$$

进而求得

$$\cos 18^\circ=\sqrt{1-\sin^2 18^\circ}=\frac{\sqrt{10+2\sqrt{5}}}{4},$$

$$\tan 18^\circ=\frac{\sin 18^\circ}{\cos 18^\circ}=\sqrt{\frac{5-2\sqrt{5}}{5}}.$$ □

注 还可应用几何方法直接求出 $\sin 18^\circ$.

例 5.5.11 求值:$P=\tan 20^\circ\tan 40^\circ\tan 60^\circ\tan 80^\circ$.

分析 注意题中的角度的特殊性.

解 首先将 P 改写为

$$Q=\sqrt{3}\cdot\frac{\sin 20^\circ\sin 40^\circ\sin 80^\circ}{\cos 20^\circ\cos 40^\circ\cos 80^\circ}.$$

分别计算右边分数的分子和分母:

$$\begin{aligned}
\text{分子}&=(\sin 20^\circ\sin 40^\circ)\sin 80^\circ\\
&=\frac{1}{2}(\cos 20^\circ-\cos 60^\circ)\sin 80^\circ\\
&=\frac{1}{2}\cos 20^\circ\sin 80^\circ-\frac{1}{4}\sin 80^\circ\\
&=\frac{1}{4}(\sin 100^\circ+\sin 60^\circ)-\frac{1}{4}\sin 80^\circ\\
&=\frac{1}{4}\sin 60^\circ=\frac{\sqrt{3}}{8},\\
\text{分母}&=\frac{\sin 40^\circ}{2\sin 20^\circ}\cdot\frac{\sin 80^\circ}{2\sin 40^\circ}\cdot\frac{\sin 160^\circ}{2\sin 80^\circ}=\frac{\sin 160^\circ}{8\sin 20^\circ}=\frac{1}{8},
\end{aligned}$$

因此 $P=\sqrt{3}\cdot\sqrt{3}=3$. □

例 5.5.12 设 $\tan\alpha,\tan\beta$ 是二次方程 $x^2+px+q=0$ 的根, 则

$$\sin^2(\alpha+\beta)+p\sin(\alpha+\beta)\cos(\alpha+\beta)+q\cos^2(\alpha+\beta)=q.$$

分析　因为已知条件给出二次方程的根，所以通常会想到应用 Vieta 定理.

解　解法 1　要证的等式的左边等价于

$$\cos^2(\alpha+\beta)\big(\tan^2(\alpha+\beta)+p\tan(\alpha+\beta)+q\big)=q.$$

由题设及 Vieta 定理可知

$$\tan\alpha+\tan\beta=-p,\quad \tan\alpha\tan\beta=q,$$

所以

$$\tan(\alpha+\beta)=\frac{\tan\alpha+\tan\beta}{1-\tan\alpha\tan\beta}=\frac{-p}{1-q}=\frac{p}{q-1},$$

以及

$$\cos^2(\alpha+\beta)=\frac{1}{\sec^2(\alpha+\beta)}=\frac{1}{1+\tan^2(\alpha+\beta)}=\frac{(q-1)^2}{p^2+(q-1)^2}.$$

于是题中要证等式的左边等于

$$\frac{(q-1)^2}{p^2+(q-1)^2}\cdot\left(\left(\frac{p}{q-1}\right)^2+p\cdot\frac{p}{q-1}+q\right)=q.$$

解法 2　要证的等式等价于

$$\sin^2(\alpha+\beta)+p\sin(\alpha+\beta)\cos(\alpha+\beta)-q\big(1-\cos^2(\alpha+\beta)\big)=0,$$

或

$$\sin^2(\alpha+\beta)+p\sin(\alpha+\beta)\cos(\alpha+\beta)-q\sin^2(\alpha+\beta)=0.$$

它等价于

$$(q-1)\sin^2(\alpha+\beta)=p\sin(\alpha+\beta)\cos(\alpha+\beta).$$

如果 $\sin(\alpha+\beta)=0$, 那么 $\cos^2(\alpha+\beta)=1$, 因而可以直接验证题中结论成立. 于是我们可设 $\sin(\alpha+\beta)\neq 0$, 因而上面的等式等价于

$$\tan(\alpha+\beta)=\frac{p}{q-1}.$$

这可由题设条件推出 (参见解法 1). □

例 5.5.13 证明: 如果

$$\frac{\tan^2\alpha}{\tan^2\beta}=\frac{\cos\beta(\cos x-\cos\alpha)}{\cos\alpha(\cos x-\cos\beta)},$$

那么

$$\tan^2\frac{x}{2}=\tan^2\frac{\alpha}{2}\tan^2\frac{\beta}{2}.$$

分析 由半角公式

$$\tan^2\frac{x}{2}=\frac{1-\cos x}{1+\cos x}$$

可知, 应从已知条件求 $\cos x$.

解 将已知条件变形为

$$\frac{\cos x-\cos\alpha}{\cos x-\cos\beta}=\frac{\tan^2\alpha\cos\alpha}{\tan^2\beta\cos\beta}=\frac{\sin^2\alpha\cos\beta}{\sin^2\beta\cos\alpha},$$

由此解得

$$\cos x=\frac{\sin^2\beta\cos^2\alpha-\sin^2\alpha\cos^2\beta}{\sin^2\beta\cos\alpha-\sin^2\alpha\cos\beta}$$

$$
\begin{aligned}
&= \frac{(1-\cos^2\beta)\cos^2\alpha-(1-\cos^2\alpha)\cos^2\beta}{(1-\cos^2\beta)\cos\alpha-(1-\cos^2\alpha)\cos\beta} \\
&= \frac{\cos^2\alpha-\cos^2\beta}{(\cos\alpha-\cos\beta)(1+\cos\alpha\cos\beta)} \\
&= \frac{\cos\alpha+\cos\beta}{1+\cos\alpha\cos\beta}.
\end{aligned}
$$

于是

$$
\begin{aligned}
\frac{1-\cos x}{1+\cos x} &= \frac{1+\cos\alpha\cos\beta-\cos\alpha-\cos\beta}{1+\cos\alpha\cos\beta+\cos\alpha+\cos\beta} \\
&= \frac{(1-\cos\alpha)(1-\cos\beta)}{(1+\cos\alpha)(1+\cos\beta)} = \frac{1-\cos\alpha}{1+\cos\alpha}\cdot\frac{1-\cos\beta}{1+\cos\beta},
\end{aligned}
$$

由正切函数的半角公式可得

$$
\tan^2\frac{x}{2} = \tan^2\frac{\alpha}{2}\tan^2\frac{\beta}{2}.
$$

□

例 5.5.14 证明: 如果

$$
\frac{\sin^4 x}{a}+\frac{\cos^4 x}{b}=\frac{1}{a+b} \quad (a,b>0),
$$

那么

$$
\frac{\sin^8 x}{a^3}+\frac{\cos^8 x}{b^3}=\frac{1}{(a+b)^3}.
$$

分析 因为要证的等式中出现 $\sin^8 x$ 和 $\cos^8 x$, 所以应设法由已知条件求出 $\sin^2 x$ 和 $\cos^2 x$.

解 题中已知条件可改写为

$$
\frac{a+b}{a}\sin^4 x+\frac{a+b}{b}\cos^4 x=(\sin^2 x+\cos^2 x)^2,
$$

即

$$
\sin^4 x+\cos^4 x+\frac{b}{a}\sin^4 x+\frac{a}{b}\cos^4 x=(\sin^2 x+\cos^2 x)^2.
$$

将右边展开并整理, 得到

$$\frac{b}{a}\sin^4 x-2\sin^2 x\cos^2 x+\frac{a}{b}\cos^4 x=0.$$

应用完全平方公式 (注意 $a,b>0$), 此式等价于

$$\left(\sqrt{\frac{b}{a}}\sin^2 x-\sqrt{\frac{a}{b}}\cos^2 x\right)^2=0.$$

于是

$$\sqrt{\frac{b}{a}}\sin^2 x=\sqrt{\frac{a}{b}}\cos^2 x,$$

即

$$b\sin^2 x=a\cos^2 x.$$

由此可令

$$\frac{\sin^2 x}{a}=\frac{\cos^2 x}{b}=\lambda,$$

即得

$$\sin^2 x=a\lambda,\quad \cos^2 x=b\lambda.$$

将它们代入题设等式, 得到

$$\frac{a^2\lambda^2}{a}+\frac{b^2\lambda^2}{b}=\frac{1}{a+b}.$$

因为 $a,b>0$, 由此解出 $\lambda=\dfrac{1}{a+b}$, 从而最终求得

$$\sin^2 x=\frac{a}{a+b},\quad \cos^2 x=\frac{b}{a+b}.$$

由此可立刻算出

$$\frac{\sin^8 x}{a^3}+\frac{\cos^8 x}{b^3}=\frac{a}{(a+b)^4}+\frac{b}{(a+b)^4}=\frac{1}{(a+b)^3}.\quad \square$$

例 5.5.15 证明:$\triangle ABC$ 中, 如果 a^2,b^2,c^2 成等差数列, 那么 $\cot A,\cot B,\cot C$ 也成等差数列.

解 由正弦定理, $\sin A=\dfrac{a}{2R},\sin B=\dfrac{b}{2R}$, 所以

$$\begin{aligned}\cot A-\cot B&=\frac{\cos A}{\sin A}-\frac{\cos B}{\sin B}=\frac{\cos A}{\frac{a}{2R}}-\frac{\cos B}{\frac{b}{2R}}\\&=2R\left(\frac{\cos A}{a}-\frac{\cos B}{b}\right)\\&=2R\left(\frac{1}{a}\cdot\frac{b^2+c^2-a^2}{2bc}-\frac{1}{b}\cdot\frac{c^2+a^2-b^2}{2ca}\right)\\&=2R\cdot\frac{2(b^2-a^2)}{2abc}\\&=2R\cdot\frac{b^2-a^2}{abc}.\end{aligned}$$

类似地, 有

$$\cot B-\cot C=2R\cdot\frac{c^2-b^2}{abc}.$$

因为由题设, $b^2-a^2=c^2-b^2$, 所以

$$\cot A-\cot B=\cot B-\cot C.$$

即 $\cot A,\cot B,\cot C$ 成等差数列. □

例 5.5.16 设 $\sin\alpha+\sin\beta+\sin\gamma=0,\cos\alpha+\cos\beta+\cos\gamma=0$. 证明:

$$\sin 3\alpha+\sin 3\beta+\sin 3\gamma=3\sin(\alpha+\beta+\gamma),$$

$$\cos 3\alpha+\cos 3\beta+\cos 3\gamma=3\cos(\alpha+\beta+\gamma).$$

解 令 $x=\cos\alpha+\mathrm{i}\sin\alpha, y=\cos\beta+\mathrm{i}\sin\beta, z=\cos\gamma+\mathrm{i}\sin\gamma$. 由题设知

$$x+y+z=\cos(\alpha+\beta+\gamma)+\mathrm{i}\sin(\alpha+\beta+\gamma)=0.$$

因为

$$\begin{aligned}
&x^3+y^3+z^3-3xyz\\
&\quad=(x+y)^3-3xy(x+y)+z^3-3xyz\\
&\quad=\big((x+y)^3+z^3\big)-3xy(x+y)-3xyz\\
&\quad=(x+y+z)\big((x+y)^2-(x+y)z+z^2\big)-3xy(x+y+z)\\
&\quad=(x+y+z)\big((x+y)^2-(x+y)z+z^2-3xy\big)\\
&\quad=(x+y+z)(x^2+y^2+z^2-xy-yz-zx),
\end{aligned}$$

所以 $x^3+y^3+z^3-3xyz=0$, 也就是

$$\begin{aligned}
&(\cos\alpha+\mathrm{i}\sin\alpha)^3+(\cos\beta+\mathrm{i}\sin\beta)^3+(\cos\gamma+\mathrm{i}\sin\gamma)^3\\
&\qquad=3(\cos\alpha+\mathrm{i}\sin\alpha)(\cos\beta+\mathrm{i}\sin\beta)(\cos\gamma+\mathrm{i}\sin\gamma).
\end{aligned}$$

依复数运算法则, 由上式得

$$\begin{aligned}
&(\cos3\alpha+\mathrm{i}\sin3\alpha)+(\cos3\beta+\mathrm{i}\sin3\beta)+(\cos3\gamma+\mathrm{i}\sin3\gamma)\\
&\quad=3(\cos(\alpha+\beta+\gamma)+\mathrm{i}\sin(\alpha+\beta+\gamma)).
\end{aligned}$$

即

$$(\cos3\alpha+\cos3\beta+\cos3\gamma)+\mathrm{i}(\sin3\alpha+\sin3\beta+\sin3\gamma)$$

$$=3(\cos(\alpha+\beta+\gamma)+\mathrm{i}\sin(\alpha+\beta+\gamma)).$$

分别等置两边的实部和虚部, 即得所要证的恒等式. □

例 5.5.17 证明:

(1) $\cos\frac{2\pi}{7},\cos\frac{4\pi}{7},\cos\frac{6\pi}{7}$ 是方程 $8x^3+4x^2-4x-1=0$ 的三个根.

(2) $\sec\frac{2\pi}{7}+\sec\frac{4\pi}{7}+\sec\frac{6\pi}{7}=-4.$

(3) $\sin\frac{\pi}{14}\sin\frac{3\pi}{14}\sin\frac{5\pi}{14}=\frac{1}{8}.$

解 (1) 我们给出两个类似的解法.

解法 1 由例 5.5.9 的解法 3 可知, 4 次方程

$$8x^4+4x^3-8x^2-3x+1=0$$

的全部根是 $\cos\frac{\pi}{7},\cos\frac{3\pi}{7},\cos\frac{5\pi}{7},\cos\pi$. 因为

$$\begin{aligned}
&8x^4+4x^3-8x^2-3x+1\\
&\quad=(8x^4-8x^2)+(4x^3-4x)+(x+1)\\
&\quad=8x^2(x+1)(x-1)+4x(x+1)(x-1)+(x+1)\\
&\quad=(x+1)\big(8x^2(x-1)+4x(x-1)+1\big)\\
&\quad=(x+1)(8x^3-4x^2-4x+1),
\end{aligned}$$

并且上述 4 个根中只有 $\cos\pi=-1$, 所以 $\cos\frac{\pi}{7},\cos\frac{3\pi}{7},\cos\frac{5\pi}{7}$ 是方程

$$8x^3-4x^2-4x+1=0$$

的全部根. 注意

$$\cos\frac{6\pi}{7}=-\cos\frac{\pi}{7},\quad \cos\frac{4\pi}{7}=-\cos\frac{3\pi}{7},\quad \cos\frac{2\pi}{7}=-\cos\frac{5\pi}{7},$$

所以 $\cos\frac{2\pi}{7},\cos\frac{4\pi}{7},\cos\frac{6\pi}{7}$ 是方程

$$8(-x)^3-4(-x)^2-4(-x)+1=0$$

即

$$8x^3+4x^2-4x-1=0$$

的三个根.

* 解法 2　由例 5.3.1 可知

$$\begin{aligned}\cos 7\theta&=\cos^7\theta-\binom{7}{2}\cos^5\theta\sin^2\theta+\binom{7}{4}\cos^3\theta\sin^4\theta\\&\quad-\binom{7}{6}\cos\theta\sin^6\theta\\&=\cos^7\theta-21\cos^5\theta(1-\cos^2\theta)+35\cos^3\theta(1-\cos^2\theta)^2\\&\quad-7\cos\theta(1-\cos^2\theta)^3\\&=64\cos^7\theta-112\cos^5\theta+56\cos^3\theta-7\cos\theta.\end{aligned}$$

因为当 $\theta=\frac{2\pi}{7}$ 时 $\cos 7\theta=1$, 所以方程

$$64x^7-112x^5+56x^3-7x-1=0$$

有根 $x_1=\cos\frac{2\pi}{7}$. 类似于例 5.4.2 的推理可知此方程恰有下列 7 个根:

$$x_k=\cos\frac{k\cdot 2\pi}{7}\quad (k=1,2,\cdots,7).$$

注意

$$\cos\frac{2\pi}{7}=\cos\frac{12\pi}{7},\quad \cos\frac{4\pi}{7}=\cos\frac{10\pi}{7},\quad \cos\frac{6\pi}{7}=\cos\frac{8\pi}{7},$$

所以上述方程有一个单根 1, 三个二重根 $\cos\frac{2\pi}{7},\cos\frac{4\pi}{7},\cos\frac{6\pi}{7}$. 借助因式分解 (见下文) 可以证明: 原方程可写成

$$(x-1)(8x^3+4x^2-4x-1)^2=0.$$

于是 $\cos\frac{2\pi}{7},\cos\frac{4\pi}{7},\cos\frac{6\pi}{7}$ 是方程 $8x^3+4x^2-4x-1=0$ 的根.

现在证明因式分解

$$64x^7-112x^5+56x^3-7x-1=(x-1)(8x^3+4x^2-4x-1)^2.$$

我们有

$$\begin{aligned}&64x^7-112x^5+56x^3-7x-1\\&\quad=64(x^7-x^5)-48(x^5-x^3)+8(x^3-x)+(x-1)\\&\quad=(x-1)(64x^6+64x^5-48x^4-48x^3+8x^2+8x+1).\end{aligned}$$

因为上式右边第二个因式有三个二重根 $\cos\frac{2\pi}{7},\cos\frac{4\pi}{7},\cos\frac{6\pi}{7}$, 所以

$$64x^6+64x^5-48x^4-48x^3+8x^2+8x+1=(8x^3+ax^2+bx+c)^2,$$

其中 a,b,c 是待定系数. 因为 $\cos\frac{2\pi}{7},\cos\frac{4\pi}{7},\cos\frac{6\pi}{7}$ 是多项式 $8x^3+ax^2+bx+c$ 的三个根, 而且 $\cos\frac{2\pi}{7}\cos\frac{4\pi}{7}\cos\frac{6\pi}{7}>0$, 所

以由 Vieta 定理推出 $c<0$. 比较上面等式两边的常数项得 $c^2=1$, 于是 $c=-1$. 又因为 (应用完全平方公式)

$$\begin{aligned}&(8x^3+ax^2+bx-1)^2\\&\quad=64x^6+16ax^5+(a^2+16b)x^4+(2ab-16)x^3\\&\qquad+(b^2-2a)x^2-2bx+1,\end{aligned}$$

比较等式

$$\begin{aligned}&64x^6+64x^5-48x^4-48x^3+8x^2+8x+1\\&\quad=64x^6+16ax^5+(a^2+16b)x^4+(2ab-16)x^3\\&\qquad+(b^2-2a)x^2-2bx+1\end{aligned}$$

分别比较两边 x^5 和 x 的系数, 可得

$$16a=64,\quad -2b=8,$$

因此 $a=4,b=-4$. 于是上述因式分解式得证.

(2) 由 Vieta 定理, 从本题 (1) 可知

$$\begin{aligned}&\cos\frac{2\pi}{7}\cos\frac{4\pi}{7}+\cos\frac{2\pi}{7}\cos\frac{6\pi}{7}+\cos\frac{4\pi}{7}\cos\frac{6\pi}{7}=\frac{-4}{8}=-\frac{1}{2},\\&\cos\frac{2\pi}{7}\cos\frac{4\pi}{7}\cos\frac{6\pi}{7}=-\frac{-1}{8}=\frac{1}{8}.\end{aligned}$$

第一式除以第二式, 即得

$$\frac{1}{\cos\dfrac{6\pi}{7}}+\frac{1}{\cos\dfrac{4\pi}{7}}+\frac{1}{\cos\dfrac{2\pi}{7}}=-4,$$

由此立得所要的结果.

(3) 注意

$$\cos\frac{\pi}{7}=\cos\frac{6\pi}{7},\quad \cos\frac{3\pi}{7}=\cos\frac{4\pi}{7},\quad \cos\frac{5\pi}{7}=\cos\frac{2\pi}{7},$$

由本题 (1) 可知 $\cos\frac{\pi}{7},\cos\frac{3\pi}{7},\cos\frac{5\pi}{7}$ 是方程 $8x^3-4x^2-4x+1=0$ 的根, 于是

$$\begin{aligned}&8\left(x-\cos\frac{\pi}{7}\right)\left(x-\cos\frac{3\pi}{7}\right)\left(x-\cos\frac{5\pi}{7}\right)\\&\quad=8x^3-4x^2-4x+1.\end{aligned}$$

令 $x=1$ 得到

$$8\left(1-\cos\frac{\pi}{7}\right)\left(1-\cos\frac{3\pi}{7}\right)\left(1-\cos\frac{5\pi}{7}\right)=1,$$

由此推出

$$8\cdot 2\sin^2\frac{\pi}{14}\cdot 2\sin^2\frac{3\pi}{14}\cdot 2\sin^2\frac{5\pi}{14}=1,$$

从而

$$\sin\frac{\pi}{14}\sin\frac{3\pi}{14}\sin\frac{5\pi}{14}=\frac{1}{8}.$$

□

例 5.5.18 证明:

(1) $(\sqrt{2})^{n-1}\sin\frac{\pi}{2n}\sin\frac{3\pi}{2n}\cdots\sin\frac{(n-2)\pi}{2n}=1\quad(n$ 为奇数).

(2) $(\sqrt{2})^{n-1}\sin\frac{\pi}{2n}\sin\frac{3\pi}{2n}\cdots\sin\frac{(n-1)\pi}{2n}=1\quad(n$ 为偶数).

解 因为 (由例 5.3.1)

$$\cos n\theta=\cos^n\theta-\binom{n}{2}\cos^{n-2}\theta\sin^2\theta+\binom{n}{4}\cos^{n-4}\theta\sin^4\theta-\cdots,$$

若将 $\sin^2\theta$ 代以 $1-\cos^2\theta$, 则得

$$\cos n\theta = \cos^n\theta - \binom{n}{2}\cos^{n-2}\theta(1-\cos^2\theta) + \binom{n}{4}\cos^{n-4}\theta(1-\cos^2\theta)^2 - \cdots.$$

我们相应地定义 n 次多项式

$$P_n(x) = x^n - \binom{n}{2}x^{n-2}(1-x^2) + \binom{n}{4}x^{n-4}(1-x^2)^2 - \cdots,$$

于是 $\cos n\theta$ 表示为 $\cos\theta$ 的 n 次多项式:

$$\cos n\theta = P_n(\cos\theta).$$

多项式 $P_n(x)$ 的最高次幂 x^n 的系数等于

$$1 + \binom{n}{2} + \binom{n}{4} + \cdots = \frac{1}{2}\big((1+1)^n + (1-1)^n\big) = 2^{n-1}$$

(参见例 5.4.1). 设 $x_1, x_2, \cdots, x_n$ 是 $P_n(x)$ 的 n 个根, 则有

$$P_n(x) = 2^{n-1}(x-x_1)(x-x_2)\cdots(x-x_n),$$

于是

$$\cos n\theta = 2^{n-1}(\cos\theta - x_1)(\cos\theta - x_2)\cdots(\cos\theta - x_n).$$

由此可知, 若 α 满足 $\cos n\alpha = 0$, 则由 $\cos n\alpha = P_n(\cos\alpha)$ 得

$$2^{n-1}(\cos\alpha - x_1)(\cos\alpha - x_2)\cdots(\cos\alpha - x_n) = 0,$$

从而 $x_1, x_2, \cdots, x_n$ 中至少有一个等于 $\cos\alpha$, 即 $\cos\alpha$ 是 $P_n(x)$ 的一个根. 因为 $\cos x$ 以 2π 为周期, 在区界 $[0, 2\pi)$ 中满足

$\cos n\alpha=0$ 的 α 有 n 个不同的值:

$$\frac{\pi}{2n},\quad \frac{3\pi}{2n},\quad \cdots,\quad \frac{(2n-1)\pi}{2n},$$

因此 $P_n(x)$ 恰有 n 个根:

$$x_1=\cos\frac{\pi}{2n},\quad x_2=\cos\frac{3\pi}{2n},\quad \cdots,\quad x_n=\cos\frac{(2n-1)\pi}{2n},$$

于是我们得到

$$\begin{aligned}\cos n\theta =&2^{n-1}\left(\cos\theta-\cos\frac{\pi}{2n}\right)\left(\cos\theta-\cos\frac{3\pi}{2n}\right)\cdots\\&\cdot\left(\cos\theta-\cos\frac{(2n-1)\pi}{2n}\right).\end{aligned}$$

还要注意

$$\begin{aligned}\cos\frac{(2n-1)\pi}{2n}&=\cos\left(\pi-\frac{\pi}{2n}\right)=-\cos\frac{\pi}{2n},\\ \cos\frac{(2n-3)\pi}{2n}&=\cos\left(\pi-\frac{3\pi}{2n}\right)=-\cos\frac{3\pi}{2n},\end{aligned}$$

等等, 所以当 n 为奇数时, 得

$$\begin{aligned}\cos n\theta=2^{n-1}\cos\theta&\left(\cos^2\theta-\cos^2\frac{\pi}{2n}\right)\left(\cos^2\theta-\cos^2\frac{3\pi}{2n}\right)\cdots\\&\cdot\left(\cos^2\theta-\cos^2\frac{(n-2)\pi}{2n}\right);\end{aligned}$$

当 n 为偶数时, 得

$$\begin{aligned}\cos n\theta=2^{n-1}&\left(\cos^2\theta-\cos^2\frac{\pi}{2n}\right)\left(\cos^2\theta-\cos^2\frac{3\pi}{2n}\right)\cdots\\&\cdot\left(\cos^2\theta-\cos^2\frac{(n-1)\pi}{2n}\right).\end{aligned}$$

最后, 在上述二式中令 $\theta=0$, 并将所有因子化为正弦函数, 并开平方, 即得所要的公式. □

例 5.5.19 用三角方法证明: 如果实数 x,y,z 满足关系式 $x+y+z=xyz$, 那么

$$x(1-y^2)(1-z^2)+y(1-z^2)(1-x^2)+z(1-x^2)(1-y^2)=4xyz.$$

解 因为正切函数的值域是所有实数, 所以我们用下列等式引进辅助角 α,β,γ:

$$\tan\alpha=x,\quad \tan\beta=y,\quad \tan\gamma=z.$$

题中条件成为

$$\tan\alpha+\tan\beta+\tan\gamma=\tan\alpha\tan\beta\tan\gamma.$$

由此及 3 角之和的正切公式 (见第 3.2 节) 推出

$$\alpha+\beta+\gamma=\frac{\pi}{2}.$$

要证的等式成为

$$\begin{aligned}&\tan\alpha(1-\tan^2\beta)(1-\tan^2\gamma)+\tan\beta(1-\tan^2\gamma)(1-\tan^2\alpha)\\&+\tan\gamma(1-\tan^2\alpha)(1-\tan^2\beta)\\&\quad=4\tan\alpha\tan\beta\tan\gamma.\end{aligned}$$

我们区分两种情形:

情形 1 $\tan\alpha\tan\beta\tan\gamma=0$.

例如, 设 $\tan\gamma=0$, 则题中条件成为 $\tan\alpha+\tan\beta=0$, 即 $\tan\alpha=-\tan\beta$, 要证的等式成为 $\tan\alpha(1-\tan^2\beta)+\tan\beta(1-\tan^2\alpha)=0$. 这显然成立.

情形 2　$\tan\alpha\tan\beta\tan\gamma\neq 0$.

此时要证的等式等价于 (两边同时除以 $4\tan\alpha\tan\beta\tan\gamma$)

$$\frac{1-\tan^2\beta}{2\tan\beta}\cdot\frac{1-\tan^2\gamma}{2\tan\gamma}+\frac{1-\tan^2\gamma}{2\tan\gamma}\cdot\frac{1-\tan^2\alpha}{2\tan\alpha}$$
$$+\frac{1-\tan^2\alpha}{2\tan\alpha}\cdot\frac{1-\tan^2\beta}{2\tan\beta}=1,$$

即

$$\cot 2\beta\cot 2\gamma+\cot 2\gamma\cot 2\alpha+\cot 2\alpha\cot 2\beta=1.$$

由 3 角之和的余切公式(见练习题 3.2.1(2))以及 $2\alpha+2\beta+2\gamma=2(\alpha+\beta+\gamma)=\pi$ 推知此式确实成立. 于是题中的代数恒等式得证. □

练　习　题

5.5.1　如果 $n\geqslant 1$, 并且

$$(1+\cos\phi_1)(1+\cos\phi_2)\cdots(1+\cos\phi_n)$$
$$=(1-\cos\phi_1)(1-\cos\phi_2)\cdots(1-\cos\phi_n),$$

那么上式两边都等于 $|\sin\phi_1\sin\phi_2\cdots\sin\phi_n|$.

5.5.2 用 $\cot x$ 表示

$$f(x)=\csc x\sqrt{\frac{1}{1+\cos x}+\frac{1}{1-\cos x}}.$$

5.5.3 求使得 $\sin x+\sin y=\sin(x+y)$ 成立的 x,y 所满足的充分必要条件.

5.5.4 设 $\alpha\neq\frac{k\pi}{2}(k\in\mathbb{Z})$. 求使 $f=a\cos^2 x+b\cos^2(x+\alpha)+c\cos x\cos(x+\alpha)$ 与 x 无关的充分必要条件.

5.5.5 证明下列两式都等于 0:

(1) $\frac{\sin x}{\sin(x-y)\sin(x-z)}+\frac{\sin y}{\sin(y-z)\sin(y-x)}+\frac{\sin z}{\sin(z-x)\sin(z-y)}$.

(2) $\frac{\cos x}{\sin(x-y)\sin(x-z)}+\frac{\cos y}{\sin(y-z)\sin(y-x)}+\frac{\cos z}{\sin(z-x)\sin(z-y)}$.

***5.5.6** 证明:

(1) $\frac{\sin(\theta-\alpha)\sin(\theta-\beta)}{\sin(\gamma-\alpha)\sin(\gamma-\beta)}\sin 2(\theta-\gamma)+\frac{\sin(\theta-\beta)\sin(\theta-\gamma)}{\sin(\alpha-\beta)\sin(\alpha-\gamma)}\cdot\sin 2(\theta-\alpha)+\frac{\sin(\theta-\gamma)\sin(\theta-\alpha)}{\sin(\beta-\gamma)\sin(\beta-\alpha)}\sin 2(\theta-\beta)=0$.

(2) $\frac{\sin(\theta-\alpha)\sin(\theta-\beta)}{\sin(\gamma-\alpha)\sin(\gamma-\beta)}\cos 2(\theta-\gamma)+\frac{\sin(\theta-\beta)\sin(\theta-\gamma)}{\sin(\alpha-\beta)\sin(\alpha-\gamma)}\cdot\cos 2(\theta-\alpha)+\frac{\sin(\theta-\gamma)\sin(\theta-\alpha)}{\sin(\beta-\gamma)\sin(\beta-\alpha)}\cos 2(\theta-\beta)=1$.

5.5.7 证明:

(1) $\tan 67^\circ 30'-\tan 22^\circ 30'=2$.

(2) $\tan 20^\circ+2\tan 40^\circ+4\tan 10^\circ=\tan 70^\circ$.

(3) $\tan 9^\circ-\tan 27^\circ-\tan 63^\circ+\tan 81^\circ=4$.

(4) $\tan 20^\circ+\tan 40^\circ+\sqrt{3}\tan 20^\circ\tan 40^\circ=\sqrt{3}$.

(5) $(1+\tan x)\big(1+\tan(45^\circ-x)\big)=2$.

(6) $(1+\tan 1^\circ)(1+\tan 2^\circ)(1+\tan 3^\circ)\cdots(1+\tan 44^\circ)=4^{11}$.

(7) $4\tan 36^\circ+\tan 82^\circ 30'=1+\sqrt{2}+\sqrt{3}+2+\sqrt{5}+\sqrt{6}$.

(8) $\cos 10^\circ+\cos 110^\circ+\cos 130^\circ=0$.

(9) $\cos 24^\circ\cos 48^\circ\cos 96^\circ\cos 168^\circ=\dfrac{1}{16}$.

(10) $\dfrac{1}{\sin 10^\circ}-\dfrac{\sqrt{3}}{\cos 10^\circ}=4$.

(11) $\cos^4\dfrac{\pi}{8}+\cos^4\dfrac{3\pi}{8}+\cos^4\dfrac{5\pi}{8}+\cos^4\dfrac{7\pi}{8}=\dfrac{3}{2}$.

(12) $\cos^8\dfrac{\pi}{8}+\cos^8\dfrac{3\pi}{8}+\cos^8\dfrac{5\pi}{8}+\cos^8\dfrac{7\pi}{8}=\dfrac{17}{16}$.

5.5.8 证明:

(1) 若 $\dfrac{\tan(\alpha-\beta)}{\tan\alpha}+\dfrac{\sin^2 x}{\sin^2\alpha}=1$, 则 $\tan^2 x=\tan\alpha\tan\beta$.

(2) 若 $\tan\alpha\tan\beta=\sqrt{\dfrac{a-b}{a+b}}$, 则 $(a-b\cos 2\alpha)(a-b\cos 2\beta)=a^2-b^2$.

(3) 若 $\tan\beta=\dfrac{n\sin\alpha\cos\alpha}{1-n\sin^2\alpha}$, 则 $\tan(\alpha-\beta)=(1-n)\tan\alpha$.

(4) 若 $a\tan\alpha=b\tan\beta, a^2x^2=a^2-b^2$, 则 $(1-x^2\sin^2\beta)(1-x^2\cos^2\alpha)=1-x^2$.

5.5.9 证明:

(1) 如果

$$\frac{\sin(\alpha-\beta)}{\sin\beta}=\frac{\sin(\alpha+\gamma)}{\sin\gamma},$$

那么

$$\cot\beta-\cot\gamma=\cot(\alpha+\gamma)+\cot(\alpha-\beta).$$

(2) 如果

$$\frac{\tan(\theta+\alpha)}{x}=\frac{\tan(\theta+\beta)}{y}=\frac{\tan(\theta+\gamma)}{z},$$

那么

$$\frac{x+y}{x-y}\sin^2(\alpha-\beta)+\frac{y+z}{y-z}\sin^2(\beta-\gamma)+\frac{z+x}{z-x}\sin^2(\gamma-\alpha)=0.$$

5.5.10 证明: 如果 $t>1$, 并且

$$\frac{t^2-1}{1+2t\cos\alpha+t^2}=\frac{1+2t\cos\beta+t^2}{t^2-1},$$

那么

$$\tan^2\frac{\alpha}{2}\tan^2\frac{\beta}{2}=\left(\frac{t+1}{t-1}\right)^2.$$

5.5.11 证明:

(1) 若 $2\tan A=3\tan B$, 则 $\tan(A-B)=\dfrac{\sin 2B}{5-\cos 2B}$.

(2) 若 $\tan\dfrac{\gamma}{2}=\tan\dfrac{\alpha}{2}\tan\dfrac{\beta}{2}$, 则 $\tan\gamma=\dfrac{\sin\alpha\sin\beta}{\cos\alpha+\cos\beta}$.

(3) 若 $\sin x+\sin y=a,\cos x+\cos y=b$, 则 $\sin(x+y)=\dfrac{2ab}{a^2+b^2},\cos(x+y)=\dfrac{b^2-a^2}{a^2+b^2}$.

5.5.12 证明:

(1) 如果

$$\frac{1+\sin x}{1-\sin x}=\frac{1+\sin\alpha+\sin\beta+\sin\alpha\sin\beta}{1-\sin\alpha-\sin\beta+\sin\alpha\sin\beta},$$

那么

$$\tan^2\left(45^\circ+\frac{x}{2}\right)=\tan^2\left(45^\circ+\frac{\alpha}{2}\right)\tan^2\left(45^\circ+\frac{\beta}{2}\right).$$

(2) 若 $(1-z\cos x)(1+z\cos y)=1-z^2\,(z\neq 0,z^2\neq 1)$, 则 $\tan^2\dfrac{y}{2}=\dfrac{1+z}{1-z}\tan^2\dfrac{x}{2}$.

***5.5.13** 设实数 a,b,c 中至少有一个非零, 并且

$$a=b\cos C+c\cos B,\quad b=c\cos A+a\cos C,$$

$$c=a\cos B+b\cos A,$$

证明:

$$\cos^2 A+\cos^2 B+\cos^2 C+2\cos A\cos B\cos C=1.$$

5.5.14 证明:$\triangle ABC$ 中,

(1) 如果 $a\sin^2\dfrac{C}{2}+c\sin^2\dfrac{A}{2}=\dfrac{b}{2}$, 那么 a,b,c 组成等差数列.

(2) a,b,c 组成等差数列的充分必要条件是 $a\cos^2\dfrac{C}{2}+c\cos^2\dfrac{A}{2}=\dfrac{3b}{2}$.

(3) 如果 $\sin A,\sin B,\sin C$ 组成等差数列, 那么 $\cot\dfrac{A}{2},\cot\dfrac{B}{2},\cot\dfrac{C}{2}$ 也组成等差数列.

5.5.15 设 $x=\cos\alpha+\mathrm{i}\sin\alpha,y=\cos\beta+\mathrm{i}\sin\beta,z=\cos\gamma+\mathrm{i}\sin\gamma$. 证明:

(1) $(x+y)(y+z)(z+x)=8xyz\cos\dfrac{\alpha-\beta}{2}\cos\dfrac{\beta-\gamma}{2}\cos\dfrac{\gamma-\alpha}{2}$.

(2) 若还设 $x+y+z=xyz$, 则 $\cos(\alpha-\beta)+\cos(\beta-\gamma)+\cos(\gamma-\alpha)=-1$.

5.5.16 证明:

(1) $\sin\dfrac{\pi}{2n}\sin\dfrac{2\pi}{2n}\cdots\sin\dfrac{(n-1)\pi}{2n}=\dfrac{\sqrt{n}}{2^{n-1}}$.

(2) $\sin\dfrac{\pi}{2n+1}\sin\dfrac{2\pi}{2n+1}\cdots\sin\dfrac{n\pi}{2n+1}=\dfrac{\sqrt{2n+1}}{2^n}$.

5.5.17 设 $A,B,C>0, A+B+C=\dfrac{\pi}{2}$. 证明: 若

$$\begin{aligned}&\cos(2A-B)\cos(2B-C)\cos(2C-A)\\&\quad=\cos(2B-A)\cos(2C-B)\cos(2A-C),\end{aligned}$$

则 A,B,C 中至少有两个相等.

6 练习题的解答或提示

1.1.1 (1) 对于任何 $\theta\in\mathbb{R}, |\sin\theta|\leqslant 1$, 所以

$$\begin{aligned}\sqrt{1-2\sin\theta+\sin^2\theta}&=\sqrt{(1-\sin\theta)^2}=|1-\sin\theta|\\&=1-\sin\theta,\end{aligned}$$

因而在 $\mathbb{R}$ 上有恒等式

$$\sqrt{1-2\sin\theta+\sin^2\theta}=1-\sin\theta.$$

(2) 对于任何 $\theta\in\mathbb{R}$, 有

$$\begin{aligned}\sqrt{1-2\sin\theta\cos\theta}&=\sqrt{\sin^2\theta+\cos^2\theta-2\sin\theta\cos\theta}\\&=\sqrt{(\sin\theta-\cos\theta)^2}=|\sin\theta-\cos\theta|.\end{aligned}$$

类似于例 1.1.1(3), 可知题中的等式不是恒等式.

(3) 函数 $2\lg\sin\theta$ 仅当 $\sin\theta>0$ 时才有意义, 因此它的定义域 A_1 是 $\theta\in\big(2k\pi,(2k+1)\pi\big), k\in\mathbb{Z}$. 注意当 $\theta\in\mathbb{R}$ 时 $1-\cos^2\theta$ 恒等于 $\sin^2\theta$, 并且对于任何实数 a 有 $a^2=|a|^2$, 所以

$$\lg(1-\cos^2\theta)=\lg\sin^2\theta=\lg|\sin\theta|^2,$$

因此函数 $\lg(1-\cos^2\theta)$ 仅当 $\sin\theta\neq 0$ 时才有意义, 从而它的定义域 A_2 是 $\theta\neq k\pi, k\in\mathbb{Z}$. 因此 $A_1\cap A_2=A_1$. 因为在 A_1 上

$$\lg(1-\cos^2\theta)=\lg|\sin\theta|^2=2\lg|\sin\theta|=2\lg\sin\theta,$$

所以当 $\theta\in\big(2k\pi,(2k+1)\pi\big)\,(k\in\mathbb{Z})$ 时, 题中的等式是恒等式.

1.1.2 等式左边仅当 $\cos\alpha\neq 0$ 时才有意义, 因此 $A_1=\{\alpha\in\mathbb{R}\mid\alpha\neq\dfrac{\pi}{2}+k\pi\,(k\in\mathbb{Z})\}$, 此时可恒等地变形为

$$\frac{\sin\alpha-1}{\cos\alpha}=\frac{1-\sin\alpha}{-\cos\alpha}.$$

等式右边对于任何使 $\sin\alpha\neq-1$ 的 α 值都有意义, 因此 $A_2=\{\alpha\in\mathbb{R}\mid\alpha\neq\dfrac{3\pi}{2}+2k\pi\,(k\in\mathbb{Z})\}$, 此时可恒等地变形为

$$\begin{aligned}&\sqrt{\frac{(1-\sin\alpha)^2}{1-\sin^2\alpha}}\\&=\sqrt{\frac{(1-\sin\alpha)^2}{\cos^2\alpha}}=\frac{1-\sin\alpha}{|\cos\alpha|}\\&=\begin{cases}\dfrac{1-\sin\alpha}{\cos\alpha} & \left(\alpha\in\left(-\dfrac{\pi}{2}+2k\pi,\dfrac{\pi}{2}+2k\pi\right)\ (k\in\mathbb{Z})\right),\\ \dfrac{1-\sin\alpha}{-\cos\alpha} & \left(\alpha\in\left(\dfrac{\pi}{2}+2k\pi,\dfrac{3\pi}{2}+2k\pi\right)\ (k\in\mathbb{Z})\right).\end{cases}\end{aligned}$$

因此当 $\alpha\in\left(\dfrac{\pi}{2}+2k\pi,\dfrac{3\pi}{2}+2k\pi\right)(k\in\mathbb{Z})$ 时, 题中的等式成为恒等式.

1.1.3 (1) 左边表达式的定义域由 $\tan x>0$ 确定, 是 $k\pi<x<\left(k+\dfrac{1}{2}\right)\pi\ (k\in\mathbb{Z})$; 右边表达式的定义域由 $\sin x>0,\cos x>0$ 确定, 是 $2k\pi<x<\left(2k+\dfrac{1}{2}\right)\pi\ (k\in\mathbb{Z})$. 所求的集

合是它们的公共部分, 即 $2k\pi < x < \left(2k+\dfrac{1}{2}\right)\pi\ (k\in\mathbb{Z})$.

(2) 左边表达式的定义域是 $k\pi < x < \left(k+\dfrac{1}{2}\right)\pi\ (k\in\mathbb{Z})$ (同题 (1)); 右边表达式的定义域由 $\sin x\neq 0, \cos x\neq 0$ 确定, 是 $x\neq\dfrac{k\pi}{2}(k\in\mathbb{Z})$, 即 $\dfrac{k\pi}{2} < x < \dfrac{(k+1)\pi}{2}(k\in\mathbb{Z})$. 所求的集合是它们的公共部分, 即 $k\pi < x < \left(k+\dfrac{1}{2}\right)\pi\ (k\in\mathbb{Z})$.

1.2.1 (1) 因为由乘法公式和因式分解公式, 可得

$$\begin{aligned}
&\sin^4\theta+\cos^4\theta\\
&\quad=(\sin^2\theta+\cos^2\theta)^2-2\sin^2\theta\cos^2\theta\\
&\quad=1-2\sin^2\theta\cos^2\theta,\\
&\sin^6\theta+\cos^6\theta\\
&\quad=(\sin^2\theta+\cos^2\theta)(\sin^4\theta-\sin^2\theta\cos^2\theta+\cos^4\theta)\\
&\quad=1\cdot(1-2\sin^2\theta\cos^2\theta-\sin^2\theta\cos^2\theta)\\
&\quad=1-3\sin^2\theta\cos^2\theta,
\end{aligned}$$

将它们代入题中等式的左边, 即知它等于 0.

(2) 只需证明

$$\frac{1+\sin\theta-\cos\theta}{1+\sin\theta+\cos\theta}+\frac{1+\sin\theta+\cos\theta}{1+\sin\theta-\cos\theta}=2\csc\theta.$$

此式左边等于

$$\begin{aligned}
&\frac{(1+\sin\theta-\cos\theta)^2+(1+\sin\theta+\cos\theta)^2}{(1+\sin\theta+\cos\theta)(1+\sin\theta-\cos\theta)}\\
&=\frac{2(1+\sin\theta)^2+2\cos^2\theta}{(1+\sin\theta)^2-\cos^2\theta}
\end{aligned}$$

$$=\frac{2+4\sin\theta+2\sin^2\theta+2\cos^2\theta}{(1+\sin\theta)^2-(1-\sin^2\theta)}$$

$$=\frac{2+4\sin\theta+2}{(1+\sin\theta)^2-(1+\sin\theta)(1-\sin\theta)}$$

$$=\frac{4(1+\sin\theta)}{2\sin\theta(1+\sin\theta)}=2\csc\theta.$$

于是本题得证.

(3) 应用完全平方公式,

$$\text{右边}=1+\sin^2\theta+\cos^2\theta+2\sin\theta+2\cos\theta+2\sin\theta\cos\theta$$

$$=2(1+\sin\theta+\cos\theta+\sin\theta\cos\theta)$$

$$=2(1+\sin\theta)(1+\cos\theta)$$

$$=\text{左边}.$$

(4) 因为 $0<\theta<\frac{\pi}{2}$, 所以 $1-\sin\theta>0,\cos\theta>0$, 于是

$$\text{左边}=\sqrt{\frac{(1-\sin\theta)^2}{(1+\sin\theta)(1-\sin\theta)}}=\frac{1-\sin\theta}{\sqrt{1-\sin^2\theta}}$$

$$=\frac{1-\sin\theta}{\sqrt{\cos^2\theta}}=\frac{1-\sin\theta}{\cos\theta}$$

$$=\frac{1}{\cos\theta}-\frac{\sin\theta}{\cos\theta}=\sec\theta-\tan\theta$$

$$=\text{右边}.$$

1.2.2 提示 原式等于

$$\frac{1}{8}(\sin^8x-\cos^8x)+\frac{1}{6}(\cos^6x-\sin^6x)-\frac{1}{6}\sin^6x+\frac{1}{4}\sin^4x.$$

分别计算（“统一”于 $\sin x$):

$$\sin^8x-\cos^8x$$

$$
\begin{aligned}
&= (\sin^4 x+\cos^4 x)(\sin^2 x+\cos^2 x)(\sin^2 x-\cos^2 x)\\
&= \left((\sin^2 x+\cos^2 x)^2-2\sin^2 x\cos^2 x\right)(\sin^2 x-\cos^2 x)\\
&= (1-2\sin^2 x\cos^2 x)(2\sin^2 x-1)\\
&= \left(1-2\sin^2 x(1-\sin^2 x)\right)(2\sin^2 x-1)\\
&= (2\sin^4 x-2\sin^2 x+1)(2\sin^2 x-1),
\end{aligned}
$$

$$
\begin{aligned}
&\cos^6 x-\sin^6 x\\
&= (\cos^2 x-\sin^2 x)(\cos^4 x+\cos^2 x\sin^2 x+\sin^4 x)\\
&= (1-2\sin^2 x)(1-\sin^2 x\cos^2 x)\\
&= (1-2\sin^2 x)\left(1-\sin^2 x(1-\sin^2 x)\right)\\
&= (1-2\sin^2 x)(1-\sin^2 x+\sin^4 x).
\end{aligned}
$$

由此可知原式等于 $\dfrac{1}{24}$.

2.1.1 (1) 左边等于

$$
\begin{aligned}
&(1+1-\cos^2\theta)(1+\cot^2\theta+\cot^2\theta)\\
&= (1+\sin^2\theta)(\sec^2\theta+\cot^2\theta)\\
&= \frac{(1+\sin^2\theta)(1+\cos^2\theta)}{\sin^2\theta}.
\end{aligned}
$$

类似地, 右边等于

$$
\begin{aligned}
&(1+1-\sin^2\theta)(1+1+\cot^2\theta)\\
&= (1+\cos^2\theta)(1+\csc^2\theta)\\
&= \frac{(1+\cos^2\theta)(1+\sin^2\theta)}{\sin^2\theta}.
\end{aligned}
$$

因此本题得证.

(2) 右边等于

$$\begin{aligned}&\frac{\cos\theta(1+\cos\theta)-\sin\theta(1+\sin\theta)}{(1+\sin\theta)(1+\cos\theta)}\\&\quad=\frac{(\cos\theta-\sin\theta)(1+\sin\theta+\cos\theta)}{(1+\sin\theta)(1+\cos\theta)}.\end{aligned}$$

又因为(参见问题 1.2.1(3))

$$(1+\sin\theta+\cos\theta)^2=2(1+\sin\theta)(1+\cos\theta),$$

所以

$$\frac{2}{1+\sin\theta+\cos\theta}=\frac{1+\sin\theta+\cos\theta}{(1+\sin\theta)(1+\cos\theta)},$$

从而左边等于

$$\frac{(\cos\theta-\sin\theta)(1+\sin\theta+\cos\theta)}{(1+\sin\theta)(1+\cos\theta)}.$$

因此本题得证.

(3) 左边可化为

$$\begin{aligned}&\frac{\cos^2\theta}{\cos^3\theta+\sin^3\theta}-\frac{\sin^2\theta}{\sin^3\theta+\cos^3\theta}\\&\quad=\frac{(\cos\theta+\sin\theta)(\cos\theta-\sin\theta)}{(\cos\theta+\sin\theta)(\cos^2\theta-\cos\theta\sin\theta+\sin^2\theta)}\\&\quad=\frac{\cos\theta-\sin\theta}{1-\cos\theta\sin\theta}=\frac{\dfrac{1}{\sec\theta}-\dfrac{1}{\csc\theta}}{1-\dfrac{1}{\sec\theta}\cdot\dfrac{1}{\csc\theta}}\\&\quad=\frac{\csc\theta-\sec\theta}{\sec\theta\csc\theta-1}.\end{aligned}$$

于是本题得证.

(4) 解法 1 "统一"于 $\sin\theta$ 和 $\cos\theta$.

$$
\begin{aligned}
\text{左边} &= \frac{\left(1+\dfrac{1}{\sin\theta}\right)\cdot\cos\theta\left(1-\dfrac{1}{\sin\theta}\right)}{\left(1+\dfrac{1}{\cos\theta}\right)\cdot\sin\theta\left(1-\dfrac{1}{\cos\theta}\right)} \\
&= \frac{\dfrac{\cos\theta}{\sin^2\theta}\cdot(\sin\theta+1)(\sin\theta-1)}{\dfrac{\sin\theta}{\cos^2\theta}\cdot(\cos\theta+1)(\cos\theta-1)} \\
&= \frac{\cos^3\theta}{\sin^3\theta}\cdot\frac{\sin^2\theta-1}{\cos^2\theta-1} = \frac{\cos^3\theta}{\sin^3\theta}\cdot\frac{-\cos^2\theta}{-\sin^2\theta} \\
&= \cot^5\theta \\
&= \text{右边}.
\end{aligned}
$$

解法 2 "统一"于 $\sec\theta$ 和 $\csc\theta$.

$$
\begin{aligned}
\text{左边} &= \frac{(1+\csc\theta)(\cos\theta-\cos\theta\csc\theta)}{(1+\sec\theta)(\sin\theta-\sin\theta\sec\theta)} \\
&= \frac{(1+\csc\theta)\cos\theta(1-\csc\theta)}{(1+\sec\theta)\sin\theta(1-\sec\theta)} \\
&= \frac{\cos\theta(1-\csc^2\theta)}{\sin\theta(1-\sec^2\theta)} = \frac{\cos\theta\cot^2\theta}{\sin\theta\tan^2\theta} \\
&= \frac{\cos\theta}{\sin\theta}\cdot\cot^2\theta\cdot\cot^2\theta = \cot^5\theta \\
&= \text{右边}.
\end{aligned}
$$

(5) 首先变换左边的两项,

$$
\frac{1+\tan x+\cot x}{\sec^2 x+\tan x} = \frac{1+\tan x+\dfrac{1}{\tan x}}{(1+\tan^2 x)+\tan x}
$$

$$=\frac{\frac{\tan x+\tan^2 x+1}{\tan x}}{1+\tan^2 x+\tan x}=\frac{1}{\tan x}$$
$$=\frac{\cos x}{\sin x},$$

$$\frac{\cot x}{\csc^2 x+\tan^2 x-\cot^2 x}=\frac{\cot x}{(1+\cot^2 x)+\tan^2 x-\cot^2 x}$$
$$=\frac{\cot x}{1+\tan^2 x}=\frac{\cot x}{\sec^2 x}$$
$$=\frac{\cos x}{\sin x}\cdot\cos^2 x=\frac{\cos^3 x}{\sin x},$$

因此

$$左边=\frac{\cos x}{\sin x}-\frac{\cos^3 x}{\sin x}=\frac{\cos x(1-\cos^2 x)}{\sin x}$$
$$=\sin x\cos x$$
$$=右边.$$

2.1.2 注意 $1+2\sin\theta\cos\theta=\sin^2\theta+\cos^2\theta+2\sin\theta\cos\theta=(\sin\theta+\cos\theta)^2$, 于是当 $0<\theta<\frac{\pi}{2}$ 时, 左边等于 $\frac{\sqrt{2}}{\sin\theta+\cos\theta}$.

又因为右边等于

$$\frac{2+\sqrt{2}\cos\theta+\sqrt{2}\sin\theta}{(1+\sqrt{2}\sin\theta)(1+\sqrt{2}\cos\theta)}=\frac{\sqrt{2}(\sqrt{2}+\cos\theta+\sin\theta)}{(1+\sqrt{2}\sin\theta)(1+\sqrt{2}\cos\theta)},$$

此式右边的分母等于

$$1+\sqrt{2}(\sin\theta+\cos\theta)+2\sin\theta\cos\theta$$
$$=\sin^2\theta+\cos^2\theta+2\sin\theta\cos\theta+\sqrt{2}(\sin\theta+\cos\theta)$$
$$=(\sin\theta+\cos\theta)^2+\sqrt{2}(\sin\theta+\cos\theta)$$
$$=(\sin\theta+\cos\theta)(\sqrt{2}+\cos\theta+\sin\theta),$$

因此右边等于 $\dfrac{\sqrt{2}}{\sin\theta+\cos\theta}$. 于是本题得证.

2.2.1 (1) 视已知条件为 $\tan x$ 和 $\sin x$ 的二元一次方程组, 求出 $\tan x=\dfrac{m+n}{2}, \sin x=\dfrac{m-n}{2}$, 将它们代入恒等式 $1+\tan^2 x=\dfrac{1}{1-\sin^2 x}$, 即得 $16mn=(m^2-n^2)^2$.

(2) 注意 $u_2=\sin^2\theta+\cos^2\theta=1$. 我们有

$$\begin{aligned}u_6&=(\sin^2\theta+\cos^2\theta)(\sin^4\theta-\sin^2\theta\cos^2\theta+\cos^4\theta)\\&=u_4-\sin^2\theta\cos^2\theta\\&=(u_2^2-2\sin^2\theta\cos^2\theta)-\sin^2\theta\cos^2\theta\\&=1-3\sin^2\theta\cos^2\theta.\end{aligned}$$

类似地, 注意 $u_4=u_2^2-2\sin^2\theta\cos^2\theta=1-2\sin^2\theta\cos^2\theta$, 可得

$$\begin{aligned}u_8&=u_4^2-2\sin^4\theta\cos^4\theta\\&=(1-2\sin^2\theta\cos^2\theta)^2-2\sin^4\theta\cos^4\theta\\&=1-4\sin^2\theta\cos^2\theta+2\sin^4\theta\cos^4\theta.\end{aligned}$$

最后, 由

$$\begin{aligned}u_{10}&=u_2u_8-\sin^2\theta\cos^8\theta-\cos^2\theta\sin^8\theta\\&=u_8-(\sin^2\theta\cos^2\theta)(\sin^6\theta+\cos^6\theta)\\&=u_8-(\sin^2\theta\cos^2\theta)u_6,\end{aligned}$$

以及上述结果得到

$$u_{10}=(1-4\sin^2\theta\cos^2\theta+2\sin^4\theta\cos^4\theta)$$

$$-\sin^2\theta\cos^2\theta(1-3\sin^2\theta\cos^2\theta)$$

$$=1-5\sin^2\theta\cos^2\theta+5\sin^4\theta\cos^4\theta.$$

由此即可验证 $6u_{10}-15u_8+10u_6=1$.

2.2.2 (1) 由已知条件 $\sin\theta+\sin^2\theta=1$ 推出 $\sin\theta=1-\sin^2\theta=\cos^2\theta$, 所以 $\cos^2\theta+\cos^4\theta=\cos^2\theta+(\cos^2\theta)^2=\sin\theta+\sin^2\theta=1$.

(2) 由已知条件 $\cos\theta-\sin\theta=\sqrt{2}\sin\theta$ 可知 $\cos\theta=(1+\sqrt{2})\sin\theta$, 所以 $(1+\sqrt{2})^{-1}\cos\theta=\sin\theta$, 于是 $(\sqrt{2}-1)\cos\theta=\sin\theta$, 从而 $\cos\theta+\sin\theta=\sqrt{2}\cos\theta$.

2.2.3 **提示** 由题设得 $(\tan\alpha-\tan\beta\cos\theta)^2=(\tan^2\alpha-\tan^2\beta)\sin^2\theta$, 化简后可推出 $(\tan\alpha\cos\theta-\tan\beta)^2=0$.

2.2.4 在已知条件中用 $\sin^2\alpha+\cos^2\alpha$ 代替 1 可得

$$\frac{\cos^3\theta}{\cos\alpha}+\frac{\sin^3\theta}{\sin\alpha}=\sin^2\alpha+\cos^2\alpha,$$

于是

$$\frac{\cos^3\theta}{\cos\alpha}-\cos^2\alpha=\sin^2\alpha-\frac{\sin^3\theta}{\sin\alpha},$$

因此

$$\frac{\cos^3\theta-\cos^3\alpha}{\cos\alpha}=\frac{\sin^3\alpha-\sin^3\theta}{\sin\alpha}.$$

类似地, 在已知条件中用 $\sin^2\theta+\cos^2\theta$ 代替 1 可推出

$$\frac{\cos^3\theta-\cos\alpha\cos^2\theta}{\cos\alpha}=\frac{\sin\alpha\sin^2\theta-\sin^3\theta}{\sin\alpha}.$$

将上二式两边分别相除, 得

$$\frac{\cos^3\theta-\cos^3\alpha}{\cos^3\theta-\cos\alpha\cos^2\theta}=\frac{\sin^3\alpha-\sin^3\theta}{\sin\alpha\sin^2\theta-\sin^3\theta},$$

将两边的式子分别约分可知

$$\frac{\cos^2\theta+\cos\theta\cos\alpha+\cos^2\alpha}{\cos^2\theta}=\frac{\sin^2\alpha+\sin\alpha\sin\theta+\sin^2\theta}{\sin^2\theta},$$

也就是

$$1+\frac{\cos\alpha}{\cos\theta}+\frac{\cos^2\alpha}{\cos^2\theta}=\frac{\sin^2\alpha}{\sin^2\theta}+\frac{\sin\alpha}{\sin\theta}+1,$$

因此

$$\frac{\cos^2\alpha}{\cos^2\theta}-\frac{\sin^2\alpha}{\sin^2\theta}+\frac{\cos\alpha}{\cos\theta}-\frac{\sin\alpha}{\sin\theta}=0.$$

将左边因式分解, 即可推出所要的结果.

2.2.5 提示 由已知条件推出

$$\sin\phi\cos\theta-\sin\alpha\sin\theta\cos\phi=\sin\phi\cos\alpha,$$

两边平方得到

$$\sin^2\phi\cos^2\theta-2\sin\alpha\sin\phi\cos\phi\sin\theta\cos\theta$$
$$+\sin^2\alpha\sin^2\theta\cos^2\phi=\sin^2\phi\cos^2\alpha,$$

然后两边除以 $\cos^2\theta$(由题设 $\cos\theta\neq 0$), 可得

$$\sin^2\phi-2\sin\alpha\sin\phi\cos\phi\tan\theta+\sin^2\alpha\cos^2\phi\tan^2\theta$$
$$=\sin^2\phi\cos^2\alpha(1+\tan^2\theta).$$

整理后有

$$(\sin^2\alpha\cos^2\phi-\sin^2\phi\cos^2\alpha)\tan^2\theta$$
$$-2\sin\alpha\sin\phi\cos\phi\tan\theta+\sin^2\phi(1-\cos^2\alpha)=0.$$

因为 $\sin^2\alpha\cos^2\phi-\sin^2\phi\cos^2\alpha=(1-\cos^2\alpha)\cos^2\phi-(1-\cos^2\phi)\cdot\cos^2\alpha=\cos^2\phi-\cos^2\alpha, 1-\cos^2\alpha=\sin^2\alpha$, 所以上式化为

$$(\cos^2\phi-\cos^2\alpha)\tan^2\theta-2\sin\alpha\sin\phi\cos\phi\tan\theta$$
$$+\sin^2\alpha\sin^2\phi=0.$$

将它看作 $\tan\theta$ 的二次方程 (注意题设 $\cos^2\phi-\cos^2\alpha\neq 0$), 即可解出它的两个表达式; 或者应用“十字相乘”法将上式左边分解, 可得

$$\big((\cos\phi+\cos\alpha)\tan\theta-\sin\alpha\sin\phi\big)$$
$$\cdot\big((\cos\phi-\cos\alpha)\tan\theta-\sin\alpha\sin\phi\big)=0.$$

2.2.6 我们有

$$\begin{aligned}\csc^2 A&=1+\cot^2 A=1+\frac{\cos^2 B}{\tan^2 C}+\frac{\sin^2 B}{\tan^2 D}\\&=1+\frac{\cos^2 B}{\sin^2 C}\cos^2 C+\frac{\sin^2 B}{\sin^2 D}\cos^2 D\\&=1+\frac{\cos^2 B}{\sin^2 C}(1-\sin^2 C)+\frac{\sin^2 B}{\sin^2 D}(1-\sin^2 D)\\&=1+\frac{\cos^2 B}{\sin^2 C}+\frac{\sin^2 B}{\sin^2 D}-(\cos^2 B+\sin^2 B)\\&=\frac{\cos^2 B}{\sin^2 C}+\frac{\sin^2 B}{\sin^2 D}.\end{aligned}$$

2.2.7 由已知条件逐步推演得

$$(\cos A-\cos B\cos C)^2=\sin^2 B\sin^2 C\cos^2 A,$$

$$\cos^2 A-2\cos A\cos B\cos C+\cos^2 B\cos^2 C$$

$$= \sin^2 B \sin^2 C \cos^2 A,$$

$$\cos^2 A(1 - \sin^2 B \sin^2 C) - 2\cos A \cos B \cos C$$

$$+ \cos^2 B \cos^2 C = 0,$$

$$\cos^2 A\big(1 - (1 - \cos^2 B)\sin^2 C\big) - 2\cos A \cos B \cos C$$

$$+ \cos^2 B(1 - \sin^2 C) = 0,$$

$$\cos^2 A(\cos^2 C + \sin^2 C \cos^2 B) - 2\cos A \cos B \cos C$$

$$+ \cos^2 B - \cos^2 B \sin^2 C = 0.$$

将上面最后等式变形为

$$\cos^2 B - 2\cos A \cos B \cos C + \cos^2 A \cos^2 C$$

$$= \sin^2 C \cos^2 B(1 - \cos^2 A),$$

也就是

$$(\cos B - \cos A \cos C)^2 = \sin^2 A \cos^2 B \sin^2 C.$$

由此即得 $\cos B = \cos A \cos C \pm \sin A \cos B \sin C$.

3.1.1 (1) 将左边通分得

$$\frac{\sin 2\alpha \cos \alpha - \cos 2\alpha \sin \alpha}{\sin \alpha \cos \alpha} = \frac{\sin(2\alpha - \alpha)}{\sin \alpha \cos \alpha} = \frac{1}{\cos \alpha} = 右边.$$

(2) 注意

$$\sin(x+y)\cos y - \cos(x+y)\sin y = \sin(x+y-y) = \sin x,$$

移项后即得要证的恒等式.

(3) 我们有

$$\begin{aligned}\frac{1}{\sqrt{2}}(\sin x\pm\cos x)&=\frac{1}{\sqrt{2}}\sin x\pm\frac{1}{\sqrt{2}}\cos x\\&=\sin x\cos\frac{\pi}{4}\pm\cos x\sin\frac{\pi}{4}\\&=\sin\left(x\pm\frac{\pi}{4}\right),\end{aligned}$$

两边乘以 $\sqrt{2}$, 即得

$$\sin x\pm\cos x=\sqrt{2}\sin\left(x\pm\frac{\pi}{4}\right).$$

类似地,

$$\begin{aligned}\frac{1}{\sqrt{2}}(\sin x\pm\cos x)&=\frac{1}{\sqrt{2}}\sin x\pm\frac{1}{\sqrt{2}}\cos x\\&=\sin x\sin\frac{\pi}{4}\pm\cos x\cos\frac{\pi}{4}\\&=\pm\cos\left(x\mp\frac{\pi}{4}\right),\end{aligned}$$

两边乘以 $\sqrt{2}$, 即得

$$\sin x\pm\cos x=\pm\sqrt{2}\cos\left(x\mp\frac{\pi}{4}\right).$$

其他证法 (应用和差化积) 见例 3.5.1(1).

(4) 因为 $2A+B=A+(A+B)$, 所以

$$\begin{aligned}左边&=\frac{\sin(2A+B)-2\sin A\cos(A+B)}{\sin A}\\&=\frac{\sin A\cos(A+B)+\cos A\sin(A+B)-2\sin A\cos(A+B)}{\sin A}\\&=\frac{\cos A\sin(A+B)-\sin A\cos(A+B)}{\sin A}\end{aligned}$$

$$= \frac{\sin(A+B-A)}{\sin A} = \frac{\sin B}{\sin A}$$
$$= \text{右边}.$$

3.1.2

$$\begin{aligned}
\text{左边} &= \frac{1}{1+\cos\theta-\sqrt{3}\sin\theta} + \frac{1}{1+\cos\theta+\sqrt{3}\sin\theta} \\
&= \frac{2(1+\cos\theta)}{(1+\cos\theta)^2-3\sin^2\theta} \\
&= \frac{2(1+\cos\theta)}{1+2\cos\theta+\cos^2\theta-3(1-\cos^2\theta)} \\
&= \frac{2(1+\cos\theta)}{4\cos^2\theta+2\cos\theta-2} = \frac{2(1+\cos\theta)}{2(1+\cos\theta)(2\cos\theta-1)} \\
&= \frac{1}{2\cos\theta-1} = \text{右边}.
\end{aligned}$$

3.1.3 提示 (1) 应用加法定理展开第二项和第三项, 化简后等于 $\frac{3}{2}$.

(2) 原式 $=\cos^2\theta+\cos(\alpha+\theta)\big(\cos(\alpha+\theta)-2\cos\alpha\cos\theta\big)$, 应用加法定理可知 $\cos(\alpha+\theta)-2\cos\alpha\cos\theta=\cos\alpha\cos\theta-\sin\alpha\sin\theta-2\cos\alpha\cos\theta=-\sin\alpha\sin\theta-\cos\alpha\cos\theta=-\cos(\alpha-\theta)$, 因此原式化为 $\cos^2\theta-\cos(\alpha+\theta)\cos(\alpha-\theta)$, 最后应用例 3.1.1 得知原式等于 $\sin^2\alpha$.

3.1.4 (1) 我们有

$$\begin{aligned}
\tan\alpha\pm\tan\beta &= \frac{\sin\alpha}{\cos\alpha}\pm\frac{\sin\beta}{\cos\beta} = \frac{\sin\alpha\cos\beta\pm\cos\alpha\sin\beta}{\cos\alpha\cos\beta} \\
&= \frac{\sin(\alpha\pm\beta)}{\cos\alpha\cos\beta}.
\end{aligned}$$

(2) 解法 1 左边等于

$$\tan\left(\frac{\pi}{4}\pm\alpha\right)=\frac{\tan\frac{\pi}{4}\pm\tan\alpha}{1\mp\tan\frac{\pi}{4}\tan\alpha}=\frac{1\pm\tan\alpha}{1\mp\tan\alpha}=\text{右边}.$$

解法 2 从右边入手, 分子和分母同乘 $\cos\alpha$ 可得

$$\frac{1+\tan\alpha}{1-\tan\alpha}=\frac{\cos\alpha+\sin\alpha}{\cos\alpha-\sin\alpha},$$

然后应用练习题 3.1.1(3), 即知上式等于

$$\frac{\sqrt{2}\sin\left(\alpha+\frac{\pi}{4}\right)}{\sqrt{2}\cos\left(\alpha+\frac{\pi}{4}\right)}=\tan\left(\frac{\pi}{4}+\alpha\right).$$

类似地, 可证

$$\frac{1-\tan\alpha}{1+\tan\alpha}=\tan\left(\frac{\pi}{4}-\alpha\right).$$

或者应用刚才所得结果推出

$$\frac{1-\tan\alpha}{1+\tan\alpha}=\frac{1+\tan(-\alpha)}{1-\tan(-\alpha)}=\tan\left(\frac{\pi}{4}+(-\alpha)\right)=\tan\left(\frac{\pi}{4}-\alpha\right).$$

(3) 由正切加法定理得

$$\tan 5\theta=\tan(3\theta+2\theta)=\frac{\tan 3\theta+\tan 2\theta}{1-\tan 3\theta\tan 2\theta},$$

用 $1-\tan 3\theta\tan 2\theta$ 乘以等式两边, 化简后即得题中要证的恒等式.

3.1.5 记两个角为 x 和 $\theta-x$, 则有 $\cos x:\cos(\theta-x)=m:n$, 于是 $(n-m\cos\theta)\cos x=m\sin\theta\sin x$, 由此得 $\tan x=\dfrac{n-m\cos\theta}{m\sin\theta}$.

3.2.1 (1) 由 3 角之和的正弦公式,

$$\sin(\alpha+\beta+\gamma)$$
$$=\cos\alpha\cos\beta\cos\gamma(\tan\alpha+\tan\beta+\tan\gamma-\tan\alpha\tan\beta\tan\gamma),$$

两边除以 $\cos\alpha\cos\beta\cos\gamma$, 然后移项, 即得所要的恒等式.

(2) 由 3 角之和的正切公式,

$$\tan(\alpha+\beta+\gamma)$$
$$=\frac{\tan\alpha+\tan\beta+\tan\gamma-\tan\alpha\tan\beta\tan\gamma}{1-\tan\alpha\tan\beta-\tan\beta\tan\gamma-\tan\gamma\tan\alpha},$$

取两边的倒数, 得到

$$\cot(\alpha+\beta+\gamma)$$
$$=\frac{1-\tan\alpha\tan\beta-\tan\beta\tan\gamma-\tan\gamma\tan\alpha}{\tan\alpha+\tan\beta+\tan\gamma-\tan\alpha\tan\beta\tan\gamma},$$

然后用 $\cot\alpha\cot\beta\cot\gamma$ 乘上式右边的分子和分母, 即得所要的恒等式.

(3) 因为 $(\alpha-\beta)+(\beta-\gamma)+(\gamma-\alpha)=0$, 所以由 3 角之和的正切公式得 $\tan(\alpha-\beta)+\tan(\beta-\gamma)+\tan(\gamma-\alpha)-\tan(\alpha-\beta)\tan(\beta-\gamma)\tan(\gamma-\alpha)=0$, 移项即得题中的恒等式.

注 应用加法定理 (见 3.2.3 节) 的证法: 因为

$$\tan\big((\beta-\gamma)+(\gamma-\alpha)\big)=-\tan(\alpha-\beta),$$
$$\tan\big((\beta-\gamma)+(\gamma-\alpha)\big)=\frac{\tan(\beta-\gamma)+\tan(\gamma-\alpha)}{1-\tan(\beta-\gamma)\tan(\gamma-\alpha)},$$

所以

$$-\tan(\alpha-\beta)=\frac{\tan(\beta-\gamma)+\tan(\gamma-\alpha)}{1-\tan(\beta-\gamma)\tan(\gamma-\alpha)}.$$

去分母后并移项, 即得要证的恒等式.

3.2.2 **提示** 第一式的证明与例 3.2.1(及例 3.5.7) 类似, 还可见练习题 3.5.4. 为证第二式, 注意

$$2\sqrt{3}\sin\alpha\cos\beta=4\cos(90^\circ-\alpha)\cos\beta\cos30^\circ,$$

于是可在第一式中分别用 $90^\circ-\alpha,\beta,30^\circ$ 代替 α,β,γ, 并且

$$\begin{aligned}\cos\big((90^\circ-\alpha)+\beta+30^\circ\big)&=\cos(120^\circ-\alpha+\beta)\\&=\cos\big(180^\circ-(60^\circ+\alpha-\beta)\big)\\&=-\cos(60^\circ+\alpha-\beta),\\\cos\big((90^\circ-\alpha)-\beta+30^\circ\big)&=\cos\big(180^\circ-(60^\circ+\alpha+\beta)\big)\\&=-\cos(60^\circ+\alpha+\beta),\end{aligned}$$

等等.

3.2.3 因为 $\cos(x+y+z)=\cos x\cos y\cos z(1-\tan x\tan y-\tan y\tan z-\tan z\tan x)$, 所以

$$\begin{aligned}u(x,y,z)&=\tan x\tan y+\tan y\tan z+\tan z\tan x\\&=1-\frac{\cos(x+y+z)}{\cos x\cos y\cos z}\\&=1-\frac{\cos\dfrac{k\pi}{2}}{\cos x\cos y\cos z}.\end{aligned}$$

当且仅当 k 为奇数时, $\cos\dfrac{k\pi}{2}=0,u(x,y,z)=1$. 因此所求的条件是 k 为奇数.

3.3.1 (1) 左边可化为

$$\begin{aligned}\frac{1}{\tan\alpha}-\tan\alpha=\frac{1-\tan^2\alpha}{\tan\alpha}&=\frac{2(1-\tan^2\alpha)}{2\tan\alpha}\\&=\frac{2}{\tan 2\alpha}=2\cot 2\alpha\\&=\text{右边}.\end{aligned}$$

此外, 也可应用 $\cot 2x=(\cot^2 x-1)(2\cot x)$ 由右边推出左边.

(2) 分别计算左边和右边:

$$\begin{aligned}\text{左边}&=2\sin x+2\sin x\cos x=2\sin x(1+\cos x),\\\text{右边}&=\frac{2\sin x\cdot\sin^2 x}{1-\cos x}=\frac{2\sin x(1-\cos^2 x)}{1-\cos x}\\&=\frac{2\sin x(1-\cos x)(1+\cos x)}{1-\cos x}\\&=2\sin x(1+\cos x),\end{aligned}$$

所以题中恒等式成立. 或者

$$\begin{aligned}\text{左边}&=2\sin x+2\sin x\cos x=2\sin x(1+\cos x)\\&=\frac{2\sin x(1+\cos x)(1-\cos x)}{1-\cos x}=\frac{2\sin x(1-\cos^2 x)}{1-\cos x}\\&=\frac{2\sin x\sin^2 x}{1-\cos x}=\frac{2\sin^3 x}{1-\cos x}\\&=\text{右边}.\end{aligned}$$

也可从右边出发证明它等于左边.

(3) 左边可化为

$$\frac{1-\left(1-2\sin^2\dfrac{x}{2}\right)+2\sin\dfrac{x}{2}\cos\dfrac{x}{2}}{1+\left(2\cos^2\dfrac{x}{2}-1\right)+2\sin\dfrac{x}{2}\cos\dfrac{x}{2}}=\frac{2\sin\dfrac{x}{2}\left(\sin\dfrac{x}{2}+\sin\dfrac{x}{2}\right)}{2\cos\dfrac{x}{2}\left(\cos\dfrac{x}{2}+\sin\dfrac{x}{2}\right)}$$

$$=\text{右边}.$$

(4) 左边可化为

$$\begin{aligned}
&1-\frac{\sin^3 x}{\sin x+\cos x}-\frac{\cos^3 x}{\sin x+\cos x}\\
&=1-\frac{\sin^3 x+\cos^3 x}{\sin x+\cos x}\\
&=1-\frac{(\sin x+\cos x)(\sin^2 x-\sin x\cos x+\cos^2 x)}{\sin x+\cos x}\\
&=1-(1-\sin x\cos x)=\frac{1}{2}\sin 2x\\
&=\text{右边}.
\end{aligned}$$

(5) 由例 3.3.2 得

$$\begin{aligned}
\text{左边}&=\tan\left(\theta+\frac{\pi}{4}\right)=\frac{\sin\left(\theta+\frac{\pi}{4}\right)}{\cos\left(\theta+\frac{\pi}{4}\right)}\\
&=\frac{\sin\theta\cos\frac{\pi}{4}+\cos\theta\sin\frac{\pi}{4}}{\cos\theta\cos\frac{\pi}{4}-\sin\theta\sin\frac{\pi}{4}}=\frac{\frac{\sqrt{2}}{2}(\sin\theta+\cos\theta)}{\frac{\sqrt{2}}{2}(\cos\theta-\sin\theta)}\\
&=\text{右边}.
\end{aligned}$$

(6) 先将左边化为

$$1+\frac{\sin(\alpha+\beta)}{\cos(\alpha+\beta)}\cdot\frac{\sin(\alpha-\beta)}{\cos(\alpha-\beta)}=1+\frac{\sin(\alpha+\beta)\sin(\alpha-\beta)}{\cos(\alpha+\beta)\cos(\alpha-\beta)},$$

由例 3.1.1 可知上式等于

$$1+\frac{\sin^2\alpha-\sin^2\beta}{\cos^2\alpha-\sin^2\beta}=\frac{\sin^2\alpha-\sin^2\beta+\cos^2\alpha-\sin^2\beta}{\cos^2\alpha-\sin^2\beta}$$

$$= \frac{1-2\sin^2\beta}{\cos^2\alpha-\sin^2\beta} = \frac{\cos 2\beta}{\cos^2\alpha-\sin^2\beta}$$

$$= \text{右边}.$$

(7) 先将左边化为

$$\frac{\sin^2\theta+2\sin\theta\cos\theta+\cos^2\theta}{\sin\theta+\cos\theta} = \frac{(\sin\theta+\cos\theta)^2}{\sin\theta+\cos\theta} = \sin\theta+\cos\theta,$$

然后应用练习题 3.1.1(3) 即可.

(8) 左边可化为

$$\frac{\left(\sin\frac{A}{2}+\cos\frac{A}{2}\right)^2}{1+\left(2\cos^2\frac{A}{2}-1\right)} = \frac{1}{2}\cdot\left(\frac{\sin\frac{A}{2}+\cos\frac{A}{2}}{\cos\frac{A}{2}}\right)^2$$

$$= \frac{1}{2}\left(\frac{\sin\frac{A}{2}}{\cos\frac{A}{2}}+1\right)^2.$$

也可由右边推出左边 (留待读者).

(9) 先将右边化为

$$\frac{2\sin A(1-\cos A)}{2\sin A(1+\cos A)} = \frac{1-\cos A}{1+\cos A},$$

然后注意 $A = 2\cdot\left(\frac{A}{2}\right)$, 我们有

$$1-\cos A = 2\sin^2\frac{A}{2},$$

$$1+\cos A = 1+\left(2\cos^2\frac{A}{2}-1\right) = 2\cos^2\frac{A}{2},$$

将此代入前式, 即知右边等于左边.

3.3.2 (1) 由三倍角公式,

$$\begin{aligned}
\text{左边} &= (3\sin x - 4\sin^3 x)\cos^3 x + (4\cos^3 x - 3\cos x)\sin^3 x \\
&= 3\sin x\cos^3 x - 4\sin^3 x\cos^3 x + 4\cos^3 x\sin^3 x \\
&\quad - 3\cos x\sin^3 x \\
&= 3\sin x\cos^3 x - 3\cos x\sin^3 x \\
&= 3\sin x\cos x(\cos^2 x - \sin^2 x) \\
&= \frac{3}{2}\cdot 2\sin x\cos x(\cos^2 x - \sin^2 x) = \frac{3}{2}\cdot \sin 2x\cos 2x \\
&= \frac{3}{4}\cdot 2\sin 2x\cos 2x = \frac{3}{4}\sin 4x \\
&= \text{右边}.
\end{aligned}$$

(2) 由三倍角公式,

$$\begin{aligned}
\text{左边} &= (3\sin x - 4\sin^3 x)\sin^3 x + (4\cos^3 x - 3\cos x)\cos^3 x \\
&= 3\sin^4 x - 4\sin^6 x + 4\cos^6 x - 3\cos^4 x \\
&= 3(\sin^4 x - \cos^4 x) - 4(\sin^6 x - \cos^6 x),
\end{aligned}$$

因为

$$\begin{aligned}
\sin^4 x - \cos^4 x &= (\sin^2 x + \cos^2 x)(\sin^2 x - \cos^2 x) \\
&= \sin^2 x - \cos^2 x = -\cos 2x, \\
\sin^6 x - \cos^6 x &= (\sin^2 x - \cos^2 x) \\
&\quad \cdot (\sin^4 x + \sin^2 x\cos^2 x + \cos^4 x)
\end{aligned}$$

$$= -\cos 2x\left((\sin^2 x+\cos^2 x)^2-\sin^2 x\cos^2 x\right)$$

$$= -\cos 2x\left(1-\frac{1}{4}\sin^2 2x\right),$$

将它们代入前式得知它等于

$$-3\cos 2x+4\cos 2x\left(1-\frac{1}{4}\sin^2 2x\right)$$

$$=\cos 2x\left(-3+4-\sin^2 2x\right)$$

$$=\cos 2x(1-\sin^2 2x)=\cos 2x\cdot\cos^2 2x=\cos^3 2x$$

$$=\text{右边}.$$

(3) 左边等于

$$\frac{1}{\tan x}+\frac{1}{\tan\left(\frac{\pi}{3}+x\right)}+\frac{1}{\tan\left(\frac{2\pi}{3}+x\right)}$$

$$=\frac{1}{\tan x}+\frac{1-\sqrt{3}\tan x}{\sqrt{3}+\tan x}+\frac{1+\sqrt{3}\tan x}{\sqrt{3}-\tan x}$$

$$=\frac{1}{\tan x}+\frac{8\tan x}{3-\tan^2 x}=\frac{3-9\tan x}{3\tan x-\tan^3 x}$$

$$=3\cdot\frac{1-3\tan x}{3\tan x-\tan^3 x}=\frac{3}{\tan 3x}=3\cot 3x$$

$$=\text{右边}.$$

(4) 左边等于

$$\frac{3\sin x-4\sin^3 x+4\cos^3 x-3\cos x}{3\sin x-4\sin^3 x-4\cos^3 x+3\cos x}$$

$$=\frac{3(\sin x-\cos x)-4(\sin^3 x-\cos^3 x)}{3(\sin x+\cos x)-4(\sin^3 x+\cos^3 x)}$$

$$=\frac{\sin x-\cos x}{\sin x+\cos x}\cdot\frac{3-4(\sin^2 x+\cos^2 x+\sin x\cos x)}{3-4(\sin^2 x+\cos^2 x-\sin x\cos x)}$$

$$=\frac{\tan x-1}{\tan x+1}\cdot\frac{-1-4\sin x\cos x}{-1+4\sin x\cos x}$$
$$=\tan\left(x-\frac{\pi}{4}\right)\cdot\frac{1+2\sin 2x-1}{1-2\sin 2x}$$
$$=\text{右边}.$$

(5) 由 $\tan 3x=\tan(2x+x)$ 得

$$\tan 3x=\frac{\tan 2x+\tan x}{1-\tan 2x\tan x},$$

去分母, 即得结果.

(6) 左边等于

$$\frac{3\sin x-4\sin^3 x}{\sin x}-\frac{3\sin y-4\sin^3 y}{\sin y}$$
$$=3-4\sin^2 x-(3-4\sin^2 y)=-4(\sin^2 x-\sin^2 y),$$

然后应用例 3.1.1(1) 即可.

3.3.3 (1) 因式分解得

$$\begin{aligned}\text{左边}&=(\sin^2\theta+\cos^2\theta)(\sin^4\theta-\sin^2\theta\cos^2\theta+\cos^4\theta)\\&=(\sin^2\theta+\cos^2\theta)^2-3\sin^2\theta\cos^2\theta\\&=1-3\sin^2\theta\cos^2\theta\\&=1-\frac{3}{4}(2\sin\theta\cos\theta)^2\\&=1-\frac{3}{4}\sin^2 2\theta\\&=1+\frac{3}{8}(1-2\sin^2 2\theta)-\frac{3}{8}\\&=\frac{5}{8}+\frac{3}{8}\cos 4\theta\end{aligned}$$

$= 右边.$

(2) 可以从 $5x = 2x + 3x$ 或 $5x = x + 4x$ 出发, 例如

$$\begin{aligned}
\text{左边} &= \sin(2x+3x) = \sin 2x\cos 3x + \cos 2x \sin 3x \\
&= 2\sin x\cos x(4\cos^3 x - 3\cos x) \\
&\quad + (1-2\sin^2 x)(3\sin x - 4\sin^3 x) \\
&= 8\sin x\cos^4 x - 6\sin x\cos^2 x \\
&\quad + 3\sin x - 4\sin^3 x - 6\sin^3 x + 8\sin^5 x \\
&= 8\sin x(1-\sin^2 x)^2 - 6\sin x(1-\sin^2 x) \\
&\quad + 3\sin x - 10\sin^3 x + 8\sin^5 x \\
&= 8\sin x(1-2\sin^2 x+\sin^4 x) - 6\sin x + 6\sin^3 x \\
&\quad + 3\sin x - 10\sin^3 x + 8\sin^5 x \\
&= 8\sin x - 16\sin^3 x + 8\sin^5 x \\
&\quad - 3\sin x + 6\sin^3 x - 10\sin^3 x + 8\sin^5 x \\
&= 5\sin x - 20\sin^3 x + 16\sin^5 x \\
&= \text{右边}.
\end{aligned}$$

或者, 左边 $= (\sin 5x + \sin x) - \sin x = 2\sin 3x\cos 2x - \sin x = 2(3\sin x - 4\sin^3 x)(1-2\sin^2 x) - \sin x = \cdots$.

本题的另一解法见练习题 5.3.1(1).

3.4.1 提示 (1) 因为 $\dfrac{\alpha}{2} = k\pi + \dfrac{\alpha_0}{2}, 0 \leqslant \alpha_0 < \pi$, 当 k 为偶数时, $\dfrac{\alpha}{2}$ 与 $\dfrac{\alpha_0}{2}$ 有相同的终边, 在上半平面, 所以 $\sin\dfrac{\alpha}{2} \geqslant 0$;

类似地, 当 k 为奇数时, $\sin\dfrac{\alpha}{2}\leqslant 0$. 还要注意 $\cos\alpha=\cos\alpha_0$.

(2) 当 k 为偶数时,$\dfrac{\alpha}{2}$ 的终边在右半平面, $\cos\dfrac{\alpha}{2}\geqslant 0$; 当 k 为奇数时,$\dfrac{\alpha}{2}$ 的终边在左半平面, $\cos\dfrac{\alpha}{2}\leqslant 0$.

3.4.2 (1) $\tan\dfrac{x}{2}=\dfrac{\sin x}{1+\cos x}=\dfrac{\sin x}{1\pm\sqrt{1-\sin^2 x}}=\dfrac{1-\cos x}{\sin x}=\dfrac{1\mp\sqrt{1-\sin^2 x}}{\sin x}$.

(2) 由倍角公式, 我们有

$$\tan x=\frac{2\tan\dfrac{x}{2}}{1-\tan^2\dfrac{x}{2}},$$

于是得到 $\tan\dfrac{x}{2}$ 的二次方程

$$\tan x\tan^2\frac{x}{2}+2\tan\frac{x}{2}-\tan x=0.$$

由此解出 $\tan\dfrac{x}{2}$.

3.4.3 **提示** 应用例 3.4.2 的注,$\dfrac{A}{2}\in IV$.

3.4.4 因为 $\sin^2 x=\dfrac{1-\cos 2x}{2}$, $\cos^2 x=\dfrac{1+2\cos 2x}{2}$, 所以

$$\begin{aligned}
\text{左边}&=2\cdot\frac{1-\cos 2A}{2}\cdot\frac{1-\cos 2B}{2}+2\cdot\frac{1+\cos 2A}{2}\cdot\frac{1+\cos 2B}{2}\\
&=\frac{1}{2}(1-\cos 2A-\cos 2B+\cos 2A\cos 2B\\
&\quad+1+\cos 2A+\cos 2B+\cos 2A\cos 2B)\\
&=\frac{1}{2}(2+2\cos 2A\cos 2B)=1+\cos 2A\cos 2B\\
&=\text{右边}.
\end{aligned}$$

3.4.5 **提示** 参考例 3.4.4, 答案是 $2k\pi+\dfrac{5\pi}{4}\leqslant A\leqslant 2k\pi+$

$\dfrac{7\pi}{4}\,(k\in\mathbb{Z})$.

3.5.1 (1) $\sin x\cos^3 x=(\sin x\cos^2 x)\cos x$, 由例 3.5.2(2), 此式等于 $\dfrac{1}{4}\sin x\cos x+\dfrac{1}{4}\sin 3x\cos x=\dfrac{1}{8}\sin 2x+\dfrac{1}{4}\cdot\dfrac{1}{2}(\sin 4x+\sin 2x)=\dfrac{1}{4}\sin 2x+\dfrac{1}{8}\sin 4x$. 或者

$$\begin{aligned}\sin x\cos^3 x&=(\sin x\cos x)\cos^2 x=\frac{1}{2}(\sin 2x\cos x)\cos x\\&=\frac{1}{2}\cdot\frac{1}{2}(\sin 3x+\sin x)\cos x\\&=\frac{1}{4}\sin 3x\cos x+\frac{1}{4}\sin x\cos x\\&=\frac{1}{4}\cdot\frac{1}{2}(\sin 4x+\sin 2x)+\frac{1}{8}\sin 2x\\&=\frac{1}{4}\sin 2x+\frac{1}{8}\sin 4x.\end{aligned}$$

也可只应用倍角公式:

$$\begin{aligned}\sin x\cos^3 x&=(\sin x\cos x)\cos^2 x=\frac{1}{2}\sin 2x\cdot\frac{1+\cos 2x}{2}\\&=\frac{1}{4}\sin 2x+\frac{1}{4}\sin 2x\cos 2x\\&=\frac{1}{4}\sin 2x+\frac{1}{8}\sin 4x.\end{aligned}$$

(2) 用积化和差公式,

$$\begin{aligned}\text{右边}&=-2\sin x\left(\cos\frac{2\pi}{3}+\cos 2x\right)=\sin x-2\sin x\cos 2x\\&=\sin x-\big(\sin 3x-\sin(-x)\big)=\sin 3x\\&=\text{左边}.\end{aligned}$$

(3) 将左边分组为

$$(\cos x+\cos 7x)+(\cos 3x+\cos 5x)$$

$$= 2\cos 4x\cos 3x + 2\cos 4x\cos x$$

$$= 2\cos 4x(\cos 3x + \cos x)$$

$$= 2\cos 4x \cdot 2\cos 2x\cos x = 4\cos x\cos 2x\cos 4x$$

$$= \text{右边}.$$

(4) 将分子积化和差得

$$\frac{1}{2}(\cos 5x + \cos x - \cos 9x - \cos 5x + \cos 11x + \cos 9x)$$
$$= \frac{1}{2}(\cos 11x + \cos x),$$

将分母积化和差得

$$-\frac{1}{2}(\cos 7x - \cos x - \cos 7x + \cos 3x + \cos 11x - \cos 3x)$$
$$= -\frac{1}{2}(\cos 11x - \cos x).$$

于是

$$\text{左边} = -\frac{\cos 11x + \cos x}{\cos 11x - \cos x} = -\frac{\cos 6x\cos 5x}{-\sin 6x\sin 5x}$$
$$= \cot 5x\cot 6x$$
$$= \text{右边}.$$

(5) 将左边的分母化为积的形式, 可知左边等于 $\dfrac{\sin x}{\cos 2x\cos x}$, 又由正切和差化积公式得知右边也等于此式.

或者

$$\text{左边} = \frac{2\sin(2x - x)}{2\cos 2x\cos x} = \frac{\sin 2x\cos x - \cos 2x\sin x}{\cos 2x\cos x}$$

$$= \frac{\sin 2x \cos x}{\cos 2x \cos x} - \frac{\cos 2x \sin x}{\cos 2x \cos x} = \tan 2x - \tan x$$
$$= 右边.$$

(6) 由积化和差得

$$\begin{aligned}左边 &= -\frac{1}{2}(\cos(x+y) - \cos y) + \frac{1}{2}(\cos(x+y) - \cos x)\\ &= \frac{1}{2}(\cos y - \cos x),\end{aligned}$$
$$右边 = -\frac{1}{2}(\cos x - \cos y) = \frac{1}{2}(\cos y - \cos x).$$

于是本题得证.

(7) 左边 $= \dfrac{\sin 2x + \sin(90^\circ + 2y)}{\sin 2x - \sin(90^\circ + 2y)}$, 然后直接应用例 3.5.1(2) 中的第 3 个公式即可 (读者自行补出计算过程).

(8) 分别变换左右两边, 或者

$$\begin{aligned}左边 &= \frac{2\cos\dfrac{2x+z}{2}\sin\dfrac{z}{2}}{2\cos\dfrac{2y+z}{2}\sin\dfrac{z}{2}} = \frac{2\cos\dfrac{2x+z}{2}}{2\cos\dfrac{2y+z}{2}}\\ &= \frac{2\cos\dfrac{2x+z}{2} + \cos\dfrac{z}{2} - \cos\dfrac{z}{2}}{2\cos\dfrac{2y+z}{2} + \cos\dfrac{z}{2} - \cos\dfrac{z}{2}}\\ &= \frac{2\cos\dfrac{x+z}{2}\cos\dfrac{x}{2} - \cos\dfrac{z}{2}}{2\cos\dfrac{y+z}{2}\cos\dfrac{y}{2} - \cos\dfrac{z}{2}}\\ &= 右边.\end{aligned}$$

3.5.2 (1) **解** 将左边分组为

$$(\sin x + \sin y) - \big(\sin(x+y+z) - \sin z\big)$$

$$\begin{aligned}
&= 2\sin\frac{x+y}{2}\cos\frac{x-y}{2} - 2\cos\left(\frac{x+y}{2}+z\right)\sin\frac{x+y}{2} \\
&= 2\sin\frac{x+y}{2}\left(\cos\frac{x-y}{2} - 2\cos\left(\frac{x+y}{2}+z\right)\right) \\
&= 2\sin\frac{x+y}{2}\cdot 2\sin\frac{x+z}{2}\sin\frac{y+z}{2} \\
&= 4\sin\frac{x+y}{2}\sin\frac{y+z}{2}\sin\frac{z+x}{2} \\
&= \text{右边}.
\end{aligned}$$

或者, 在例 3.2.1 中取 $\alpha=\dfrac{x+y}{2},\beta=\dfrac{y+z}{2},\gamma=\dfrac{z+x}{2}$.

(2) **提示** 将左边通分, 然后应用积化和差公式证明所得分式的分子等于 0.

(3) **提示** 将左边分组为 $\big(\sin(x-y)+\sin(y-z)\big)+\sin(z-x)$, 对第 1 项应用和差化积公式, 对第 2 项用正弦倍角公式.

或者, 在本题 (1) 中分别用 $x-y,y-z,z-x$ 代 x,y,z, 那么题 (1) 中的 $x+y+z=0$, 从而 $\sin(x+y+z)=0$, 然后由该题直接得到结果.

(4) **提示** 将左边通分得

$$\frac{\sin(y-z)-\sin(x-z)+\sin(x-y)}{\sin(x-y)\sin(y-z)\sin(x-z)}.$$

其中分子等于

$$\begin{aligned}
&\big(\sin(y-z)-\sin(x-z)\big)+\sin(x-y) \\
&= \cdots \\
&= 2\sin\frac{y-x}{2}\left(\cos\frac{x+y-2z}{2}-\cos\frac{y-x}{2}\right)
\end{aligned}$$

$$= -4\sin\frac{y-x}{2}\sin\frac{y-z}{2}\sin\frac{x-z}{2},$$

对分母中的各个因子用正弦二倍角公式即可.

3.5.3 (1) 左边等于

$$\begin{aligned}&\frac{1}{2}(\cos 240^\circ + \cos 2\theta) + \cos\theta \cdot 2\cos 120^\circ \cos\theta\\&\quad = -\frac{1}{4} + \frac{1}{2}\cos 2\theta - \cos^2\theta\\&\quad = -\frac{1}{4} + \frac{1}{2}(2\cos^2\theta - 1) - \cos^2\theta\\&\quad = -\frac{3}{4}.\end{aligned}$$

(2) 由正切和差化积公式, 左边等于

$$\frac{\sin(\theta+60^\circ)\sin(\theta-60^\circ)}{\cos(\theta+60^\circ)\cos(\theta-60^\circ)} + \tan\theta \cdot \frac{\sin 2\theta}{\cos(\theta+60^\circ)\cos(\theta-60^\circ)}$$

由余弦和差化积公式, 此式化为

$$\begin{aligned}&\frac{\cos 120^\circ - \cos 2\theta}{2\cos(\theta+60^\circ)\cos(\theta-60^\circ)} + \frac{\sin\theta}{\cos\theta} \cdot \frac{\sin 2\theta}{\cos(\theta+60^\circ)\cos(\theta-60^\circ)}\\&= \frac{-\frac{1}{2} - \cos 2\theta + 2(1-\cos 2\theta)}{2\cos(\theta+60^\circ)\cos(\theta-60^\circ)}\\&= -3 \cdot \frac{\cos 2\theta - \frac{1}{2}}{\cos 2\theta - \frac{1}{2}} = -3.\end{aligned}$$

3.5.4 **提示** 将右边分组为

$$\begin{aligned}&\Big(\cos\big((\alpha+\beta)+\gamma\big) + \cos\big((\alpha+\beta)-\gamma\big)\Big)\\&\quad + \Big(\cos\big(\gamma+(\alpha-\beta)\big) + \cos\big(\gamma-(\alpha-\beta)\big)\Big).\end{aligned}$$

3.6.1 (1) 令 $\tan\alpha=\sqrt{\dfrac{b}{a}}$, 得

$$a+b=a\left(1+\frac{b}{a}\right)=a(1+\tan^2\alpha)=a\sec^2\alpha,$$

以及

$$a-b=a(1-\tan^2\alpha)=\frac{a(\cos^2\alpha-\sin^2\alpha)}{\cos^2\alpha}=\frac{a\cos2\alpha}{\cos^2\alpha}.$$

(2) 若 $a=0$, 则 $\dfrac{a-b}{a+b}=-1$, 可取 $\alpha=\dfrac{\pi}{2}$. 若 $a\neq0$, 则令 $\tan\alpha=\dfrac{b}{a}$, 则得

$$\frac{a-b}{a+b}=\frac{a(1-\tan\alpha)}{a(1+\tan\alpha)}=\tan\left(\frac{\pi}{4}-\alpha\right).$$

3.6.2 我们有

$$(1+\sqrt{3})\cos x+(1-\sqrt{3})\sin x=(1+\sqrt{3})\cos x-(\sqrt{3}-1)\sin x.$$

令 $r=\sqrt{(1+\sqrt{3})^2+(\sqrt{3}-1)^2}=2\sqrt{2}$, 并取 α 满足 $\tan\alpha=\dfrac{1-\sqrt{3}}{1+\sqrt{3}}=2-\sqrt{3}$. 注意

$$\tan15^\circ=\frac{1-\cos30^\circ}{\sin30^\circ}=2-\sqrt{3},$$

所以取 $\alpha=15^\circ$, 从而得到所要的结果.

3.6.3 我们有

$$\begin{aligned}F&=a\cdot\frac{1+\cos2\theta}{2}+b\sin2\theta+c\cdot\frac{1-\cos2\theta}{2}\\&=\frac{a+c}{2}+\frac{a-c}{2}\cos2\theta+b\sin2\theta\end{aligned}$$

$$\begin{aligned}
&= \frac{a+c}{2} + m\cos 2\theta + b\sin 2\theta \\
&= \frac{a+c}{2} + \sqrt{m^2+b^2}\,(\sin\alpha\cos 2\theta + \cos\alpha\sin 2\theta) \\
&= \frac{a+c}{2} + \sqrt{m^2+b^2}\sin(2\theta+\alpha),
\end{aligned}$$

其中 $\alpha \in [0, 2\pi)$ 由

$$\sin\alpha = \frac{m}{\sqrt{m^2+b^2}}, \quad \cos\alpha = \frac{b}{\sqrt{m^2+b^2}}$$

确定.

3.7.1 (1) 右边等于

$$\begin{aligned}
&\frac{(\sin 2x + \sin x)(\sin 2x - \sin x)}{\sin x} \\
&= \frac{2\sin\frac{3x}{2}\cos\frac{x}{2}\cdot 2\cos\frac{3x}{2}\sin\frac{x}{2}}{\sin x} \\
&= \frac{2\sin\frac{3x}{2}\cos\frac{3x}{2}\cdot 2\sin\frac{x}{2}\cos\frac{x}{2}}{\sin x} \\
&= \frac{\sin 3x\sin x}{\sin x} = \sin 3x \\
&= \text{右边}.
\end{aligned}$$

或者证明 $\sin 3x\sin x = \sin^2 2x - \sin^2 x$. 这可由例 3.1.1(1) 直接得到.

(2) 从变换左边入手:

$$\begin{aligned}
\text{左边} &= (\sin x + \sin 5x) + \sin 3x = 2\sin 3x\cos 2x + \sin 3x \\
&= \sin 3x(2\cos 2x + 1) = \sin 3x\big(2(1-2\sin^2 x)+1\big) \\
&= \sin 3x(3 - 4\sin^2 x) = \sin 3x\cdot\frac{3\sin x - 4\sin^3 x}{\sin x}
\end{aligned}$$

$$= \sin 3x \cdot \frac{\sin 3x}{\sin x} = \frac{\sin^2 3x}{\sin x}$$
$$= \text{右边}.$$

或者首先考虑表达式 $\sin x(\sin x + \sin 3x + \sin 5x)$, 将它变换为

$$\begin{aligned}
&\sin^2 x - \frac{1}{2}(\cos 4x - \cos 2x) - \frac{1}{2}(\cos 6x - \cos 4x) \\
&= \sin^2 x + \frac{1}{2}\cos 2x - \frac{1}{2}\cos 6x \\
&= \sin^2 x + \frac{1}{2}(1 - 2\sin^2 x) - \frac{1}{2}(1 - 2\sin^2 3x) \\
&= \sin^2 3x.
\end{aligned}$$

(3) 将左边化为

$$\begin{aligned}
\cos 2x &= \frac{\cos 2x \cos x}{\cos x} = \frac{\cos 2x \cos x}{\cos(2x - x)} \\
&= \frac{\cos 2x \cos x}{\cos 2x \cos x - \sin 2x \sin x} = \frac{1}{\dfrac{\cos 2x \cos x - \sin 2x \sin x}{\cos 2x \cos x}} \\
&= \frac{1}{1 - \dfrac{\sin 2x \sin x}{\cos 2x \cos x}} = \frac{1}{1 - \tan 2x \tan x} \\
&= \text{右边}.
\end{aligned}$$

或者证明 $\cos 2x(1 + \tan x \tan 2x) = 1$.

(4) 将右边因式分解为

$$\begin{aligned}
&\frac{(\tan 2x + \tan x)(\tan 2x - \tan x)}{(1 + \tan 2x \tan x)(1 - \tan 2x \tan x)} \\
&= \frac{\tan 2x + \tan x}{1 - \tan 2x \tan x} \cdot \frac{\tan 2x - \tan x}{1 + \tan 2x \tan x},
\end{aligned}$$

即可化为左边.

(5) 分别计算两边:

$$\begin{aligned}
\text{左边} &= \frac{1}{\sin x\sin 2x}+\frac{1}{\sin 2x\sin 3x}=\frac{\sin 3x+\sin x}{\sin x\sin 2x\sin 3x}\\
&=\frac{2\sin 2x\cos x}{\sin x\sin 2x\sin 3x}=\frac{2\cos x}{\sin x\sin 3x},\\
\text{右边} &= \frac{1}{\sin x}\cdot\frac{\cos x\sin 3x-\cos 3x\sin x}{\sin x\sin 3x}=\frac{1}{\sin x}\cdot\frac{\sin 2x}{\sin x\sin 3x}\\
&=\frac{1}{\sin x}\cdot\frac{2\sin x\cos x}{\sin x\sin 3x}=\frac{2\cos x}{\sin x\sin 3x},
\end{aligned}$$

因此原式成立.

(6) 原式等价于

$$\frac{2\cot x}{1+\cot x}=\frac{1+\cot\left(\frac{\pi}{4}-x\right)}{\cot\left(\frac{\pi}{4}-x\right)}.$$

此等式右边等于

$$\begin{aligned}
\frac{1}{\cot\left(\frac{\pi}{4}-x\right)}+\frac{\cot\left(\frac{\pi}{4}-x\right)}{\cot\left(\frac{\pi}{4}-x\right)} &= \tan\left(\frac{\pi}{4}-x\right)+1\\
&=\frac{1-\tan x}{1+\tan x}+1=\frac{2}{1+\tan x}\\
&=\frac{2\cot x}{(1+\tan x)\cot x}=\frac{2\cot x}{1+\cot x},
\end{aligned}$$

因此原恒等式成立.

3.7.2 (1) 将左边展开得

$$\begin{aligned}
&\cos^2 x+2\cos x\cos y+\cos^2 y+\sin^2 x+2\sin x\sin y+\sin^2 y\\
&\quad=(\sin^2 x+\cos^2 x)+(\sin^2 y+\cos^2 y)
\end{aligned}$$

$$
\begin{aligned}
&+2(\cos x\cos y+\sin x\sin y)\\
&=2+2\cos(x-y)=2\big(1+\cos(x-y)\big)\\
&=4\cos^2\frac{x-y}{2}\\
&=\text{右边}.
\end{aligned}
$$

(2) 将左边展开得 $a^2+b^2+ab(\tan^2 x+\cot^2 x)=(a+b)^2-2ab+ab(\tan^2 x+\cot^2 x)=(a+b)^2+ab(\tan^2 x+\cot^2 x-2)$. 因为

$$
\begin{aligned}
\tan^2 x+\cot^2 x-2&=\tan^2 x+\cot^2 x-2\tan x\cot x\\
&=(\tan x-\cot x)^2=\left(\frac{\tan^2 x-1}{\tan x}\right)^2\\
&=4\left(\frac{1}{\dfrac{2\tan x}{\tan^2 x-1}}\right)^2=4\left(\frac{1}{-\tan 2x}\right)^2\\
&=4\cot^2 2x,
\end{aligned}
$$

所以本题得证.

(3) 从展开右边的 $\sin^2(x+y)$ 入手:

$$
\begin{aligned}
&\sin^2(x+y)\\
&=(\sin x\cos y+\cos x\sin y)^2\\
&=\sin^2 x\cos^2 y+2\sin x\cos y\cos x\sin y+\cos^2 x\sin^2 y\\
&=\sin^2 x(1-\sin^2 y)+2\sin x\cos y\cos x\sin y\\
&\quad+(1-\sin^2 x)\sin^2 y
\end{aligned}
$$

$$=\sin^2 x+\sin^2 y-2\sin^2 x\sin^2 y+2\sin x\cos y\cos x\sin y$$

$$=\sin^2 x+\sin^2 y+2\sin x\sin y(\cos x\cos y-\sin x\sin y)$$

$$=\sin^2 x+\sin^2 y+2\sin x\sin y\cos(x+y).$$

适当移项即得要证的恒等式.

(4) 在本题 (3) 中, 用 $\frac{\pi}{2}+(x-z)$ 代 x, 用 $\frac{\pi}{2}+(z-y)$ 代 y, 则得

$$\begin{aligned}
&\sin^2\left(\frac{\pi}{2}+(x-z)\right)+\sin^2\left(\frac{\pi}{2}+(z-y)\right)\\
&\quad=\sin^2(\pi+(x-y))\\
&\qquad-2\sin\left(\frac{\pi}{2}+(x-z)\right)\sin\left(\frac{\pi}{2}+(y-z)\right)\cos(\pi+(x-y)),
\end{aligned}$$

也就是

$$\begin{aligned}
&\cos^2(x-z)+\cos^2(z-y)\\
&\quad=\sin^2(x-y)+2\cos(x-z)\cos(z-y)\cos(x-y).
\end{aligned}$$

因此题中的恒等式成立 (读者也可给出独立的证明).

(5) 在练习题 3.2.2(1) 中分别用 $\frac{x-y}{2},\frac{y-z}{2},\frac{z-x}{2}$ 代 α,β, γ, 注意此时 $\cos(\alpha+\beta+\gamma)=\cos 0^\circ=1$, 因而得到本题中的恒等式. 或者

$$\begin{aligned}
\text{左边}&=\big(\cos(x-y)+\cos(y-z)\big)+\cos(z-x)\\
&=2\cos\frac{1}{2}(x-z)\cos\frac{1}{2}(x-2y+z)+2\cos^2\frac{1}{2}(x-z)-1\\
&=\cdots
\end{aligned}$$

(读者自行完成证明).

(6) 首先有

$$\begin{aligned}\cos^2 y+\cos^2 z-1&=\cos^2 y-\sin^2 z\\&=\frac{\cos 2y-1}{2}-\frac{1-\cos 2z}{2}\\&=\frac{1}{2}(\cos 2y+\cos 2z)\\&=\cos(y+z)\cos(y-z).\end{aligned}$$

其次有

$$\begin{aligned}&\cos^2 x+2\cos x\cos y\cos z\\&\quad=\cos^2 x+\cos x\big(\cos(y+z)+\cos(y-z)\big).\end{aligned}$$

于是 (分组分解)

$$\begin{aligned}&\cos^2 x+\cos^2 y+\cos^2 z+2\cos x\cos y\cos z-1\\&\quad=\cos(y+z)\cos(y-z)+\cos^2 x\\&\qquad+\cos x\big(\cos(y+z)+\cos(y-z)\big)\\&\quad=\big(\cos x+\cos(y+z)\big)\big(\cos x+\cos(y-z)\big)\\&\quad=4\cos\frac{x+y+z}{2}\cos\frac{x-y+z}{2}\\&\qquad\cdot\cos\frac{x+y-z}{2}\cos\frac{-x+y+z}{2}.\end{aligned}$$

于是本题得证.

3.7.3 (1) $\sin^4 x=\left(\dfrac{1-\cos 2x}{2}\right)^2=\dfrac{1}{4}-\dfrac{1}{2}\cos 2x+\dfrac{1}{4}\cos^2 2x$ $=\dfrac{1}{4}-\dfrac{1}{2}\cos 2x+\dfrac{1}{4}\cdot\dfrac{1+\cos 4x}{2}=\dfrac{3}{8}-\dfrac{1}{2}\cos 2x+\dfrac{1}{8}\cos 4x.$

(2) **提示** $\sin^3 x\cos^5 x=(\sin x\cos x)^3\cos^2 x=\dfrac{1}{16}\sin^3 2x(1+\cos 2x)=\dfrac{1}{16}\sin^2 2x(\sin 2x+\sin 2x\cos 2x)=\dfrac{1}{32}(1-\cos 4x)\cdot\left(\sin 2x+\dfrac{1}{2}\sin 4x\right)$, 展开后, 应用积化和差公式.

3.7.4 (1) 因为 $\dfrac{A+B}{2}=\dfrac{\pi}{2}-\dfrac{C}{2}$, 所以

$$
\begin{aligned}
\text{左边}&=2\sin\frac{A+B}{2}\cos\frac{A-B}{2}+2\sin\frac{C}{2}\cos\frac{C}{2}\\
&=2\cos\frac{C}{2}\left(\cos\frac{A-B}{2}+\sin\frac{C}{2}\right)\\
&=2\cos\frac{C}{2}\left(\cos\frac{A-B}{2}+\cos\frac{A+B}{2}\right)\\
&=4\cos\frac{A}{2}\cos\frac{B}{2}\cos\frac{C}{2}\\
&=\text{右边}.
\end{aligned}
$$

(2) 与题 (1) 证法类似,

$$
\begin{aligned}
\text{左边}&=2\cos\frac{A+B}{2}\cos\frac{A-B}{2}+1-2\sin^2\frac{C}{2}\\
&=1+2\sin\frac{C}{2}\left(\cos\frac{A-B}{2}-\cos\frac{A+B}{2}\right)\\
&=1+4\sin\frac{C}{2}\sin\frac{A}{2}\sin\frac{B}{2}\\
&=\text{右边}.
\end{aligned}
$$

(3) 因为 $\tan(A+B+C)=\tan 2\pi=0$, 所以由三个角之和的正切公式 (见第 3.2 节) 立得结果 (注: 若 A,B,C 中有一个是直角, 则等式两边都不存在, 约定也认为等式成立).

(4) 在例 3.2.1 中, 分别用 A,B,C 代 α,β,γ, 那么 $\alpha+\beta+\gamma=A+B+C=\pi$, 从而 $\sin(\alpha+\beta+\gamma)=0$. 类似地, $-\alpha+\beta+\gamma=$

$\alpha+\beta+\gamma-2\alpha=\pi-2A$, 从而 $\sin(-\alpha+\beta+\gamma)=\sin(\pi-2A)=\sin 2A$; 以及 $\sin(\alpha-\beta+\gamma)=\sin(\pi-2B)=\sin 2B$; $\sin(\alpha+\beta-\gamma)=\sin(\pi-2C)=\sin 2C$. 因此推出本题中的恒等式. 也可直接证明如下:

$$\begin{aligned}
\text{左边} &= 2\sin(A+B)\cos(A-B)+2\sin C\cos C \\
&= 2\sin C\big(\cos(A-B)+\cos C\big) \\
&= 4\sin C\cos\frac{A-B+C}{2}\cos\frac{A-B-C}{2} \\
&= 2\sin A\sin B\sin C \\
&= \text{右边}.
\end{aligned}$$

(5) 在练习题 3.2.2(1) 中分别用 A,B,C 代 α,β,γ, 然后类似于本题 (4), 推出本题中的恒等式. 也可直接证明如下:

$$\begin{aligned}
\text{左边} &= 2\cos(A+B)\cos(A-B)+2\cos^2 C-1 \\
&= 2\cos C\big(\cos C-\cos(A-B)\big)-1 \\
&= -1-4\cos C\sin\frac{A-B+C}{2}\sin\frac{-A+B+C}{2} \\
&= -1-4\cos A\cos B\cos C \\
&= \text{右边}.
\end{aligned}$$

(6) 由半角公式, 左边等于 $\dfrac{1}{2}(3-\cos 2A-\cos 2B-\cos 2C)$, 然后应用本题 (5).

(7) 由半角公式, 左边等于 $\dfrac{1}{2}(3+\cos 2A+\cos 2B+\cos 2C)$, 然后应用本题 (5).

(8) 在本题 (2) 中分别用 $\frac{\pi-A}{2},\frac{\pi-B}{2},\frac{\pi-C}{2}$ 代 A,B,C, 有

$$\begin{aligned}&\cos\frac{\pi-A}{2}+\cos\frac{\pi-B}{2}+\cos\frac{\pi-C}{2}\\&\quad=1+4\sin\frac{\pi-A}{2}\sin\frac{\pi-B}{2}\sin\frac{\pi-C}{2}.\end{aligned}$$

由此可得本题中的恒等式 (读者可考虑直接证明).

(9) **提示** 类似于上题, 在本题 (1) 中分别用 $\frac{\pi-A}{2},\frac{\pi-B}{2},\frac{\pi-C}{2}$ 代 A,B,C(读者可考虑直接证明).

(10) **提示** 类似于例 3.7.7 的解法 1.

4.1.1 (1) 由正弦定理,

$$\begin{aligned}\text{左边}&=2R\sin C\cos C+2R\sin A\cos A\\&=2R(\sin C\cos C+\sin A\cos A)\\&=R(\sin 2C+\sin 2A)=2R\sin(A+C)\cos(A-C)\\&=2R\sin B\cos(A-C)=b\cos(A-C)\\&=\text{右边}.\end{aligned}$$

(2) 和 (3) **提示** 由正弦定理及和差化积得

$$\begin{aligned}&a+b=2R(\sin A+\sin B)=4R\cos\frac{C}{2}\cos\frac{A-B}{2},\\&a-b=4R\sin\frac{C}{2}\sin\frac{A-B}{2},\\&c=2R\sin C=4R\sin\frac{C}{2}\cos\frac{C}{2}.\end{aligned}$$

(4) 由余弦定理,

$$\begin{aligned}
&a^2+b^2+c^2\\
&\quad=(b^2+c^2-2bc\cos A)+(c^2+a^2-2ca\cos B)\\
&\qquad+(a^2+b^2-2ab\cos C)\\
&\quad=2(a^2+b^2+c^2)-2(bc\cos A+ca\cos B+ab\cos C),
\end{aligned}$$

移项后即得 $a^2+b^2+c^2=2(bc\cos A+ca\cos B+ab\cos C)$.

(5) 由正弦定理及和差化积得

$$\begin{aligned}
\text{右边}&=\frac{2R(\sin A+\sin B)}{2R\sin C}\sin^2\frac{C}{2}\\
&=\frac{2\sin\frac{A+B}{2}\cos\frac{A-B}{2}}{2\sin\frac{C}{2}\cos\frac{C}{2}}\cdot\sin^2\frac{C}{2}\\
&=\frac{2\cos\frac{C}{2}\cos\frac{A-B}{2}}{\cos\frac{C}{2}}\cdot\sin\frac{C}{2}=2\cos\frac{A-B}{2}\cos\frac{A+B}{2}\\
&=\cos A+\cos B\\
&=\text{左边}.
\end{aligned}$$

(6) 原式等价于

$$\frac{\cos 2A}{a^2}-\frac{1}{a^2}=\frac{\cos 2B}{b^2}-\frac{1}{b^2}.$$

此式左边等于

$$\frac{\cos 2A-1}{a^2}=\frac{2\sin^2 A}{a^2}=2\left(\frac{\sin A}{a}\right)^2=2\cdot(2R)^2=8R^2,$$

显然其右边也等于 $8R^2$. 于是本题得证.

4.1.2 (1) **提示** 将左边展开, 然后重新组合为 $(b\cos A+a\cos B)+(c\cos A+a\cos C)+(c\cos B+b\cos C)$, 由此应用投影定理即得结果.

或者, 将 $\cos A=\dfrac{b^2+c^2-c^2}{2bc}$ 代入左边, 然后进行代数计算 (较繁).

(2) **提示** 应用半角公式, 左边则等于 $\dfrac{b(1+\cos C)}{2}+\dfrac{c(1+\cos B)}{2}=\dfrac{1}{2}(b+c)+\dfrac{1}{2}(b\cos C+c\cos B)$, 然后应用投影定理.

(3) 由加法定理和倍角公式, 左边等于

$$
\begin{aligned}
& b^2(\cos^2 C-\sin^2 C)+2bc(\cos B\cos C+\sin B\sin C) \\
& +c^2(\cos^2 B-\sin^2 B) \\
& \quad=(b^2\cos^2 C+2bc\cos B\cos C+c^2\cos^2 B) \\
& \qquad-(b^2\sin^2 C-2bc\sin B\sin C+c^2\sin^2 B) \\
& \quad=(b\cos C+c\cos B)^2-(b\sin C-c\sin B)^2,
\end{aligned}
$$

依投影定理,$b\cos C+c\cos B=a$. 由正弦定理知 $b\sin C-c\sin B=2R\sin B\sin C-2R\sin C\sin B)^2=0$. 于是上式等于 a^2.

4.1.3 (1) 应用余弦定理, 左边等于 $\dfrac{2ab\cos C}{2ac\cos B}=\dfrac{b\cos C}{c\cos B}$, 然后应用正弦定理, 上式等于 $\dfrac{2R\sin B\cos C}{2R\sin C\cos B}=\dfrac{\tan B}{\tan C}=$ 右边.

(2) 应用正弦定理, 左边等于 $\dfrac{2R\sin A}{\cos A}+\dfrac{2R\sin B}{\cos B}+\dfrac{2R\sin C}{\cos C}=2R(\tan A+\tan B+\tan C)$. 因为 $A+B+C=\pi,\sin(A+B+$

$C)=0$, 所以由练习题 3.2.1 可知 $\tan A+\tan B+\tan C=\tan A\tan B\tan C$, 从而上式等于 $2R\tan A\tan B\tan C=2R\cdot\dfrac{\sin A}{\cos A}\cdot\tan B\tan C=(2R\sin A)\cdot\dfrac{1}{\cos A}\cdot\tan B\tan C=a\sec A\cdot\tan B\tan C=$ 右边.

(3) 考虑第一个表达式

$$
\begin{aligned}
&b^2+c^2-2bc\cos(60^\circ+A)\\
&=b^2+c^2-2bc\left(\frac{1}{2}\cos A-\frac{\sqrt{3}}{2}\sin A\right)\\
&=b^2+c^2-2bc\cdot\frac{b^2+c^2-a^2}{2bc}+\sqrt{3}bc\sin A\\
&=\frac{1}{2}(a^2+b^2+c^2)+\frac{\sqrt{3}}{2R}abc.
\end{aligned}
$$

此结果关于 a,b,c 对称, 而另外两个表达式是由第一个表达式轮换字母 a,b,c 及 A,B,C 而得 (注意 a,b,c 及 A,B,C 间的对应关系), 因此它们都等于上式, 因而相等.

(4) 因为 $a=2R\sin A$(对于 b,c 类似), 所以 $a\cos A+b\cos B+c\cos C=2R\sin A\cos A+2R\sin B\cos B+2R\sin C\cos C=R\cdot(\sin 2A+\sin 2B+\sin 2C)$, 于是要证的恒等式等价于

$$\sin 2A+\sin 2B+\sin 2C=4\sin A\sin B\sin C.$$

这正是练习题 3.7.4(4).

(5) 左边的第一项等于

$$\frac{a}{2}\left(\cos\frac{A-B+C}{2}-\cos\frac{A+B-C}{2}\right)=\frac{a}{2}(\sin B-\sin C).$$

由正弦定理及比例性质可知

$$\frac{b}{\sin B}=\frac{c}{\sin C}=\frac{b-c}{\sin B-\sin C}=2R,$$

所以

$$\sin B-\sin C=\frac{b-c}{2R},$$

因此左边第一项等于 $\frac{a(b-c)}{4R}$. 类似地, 左边第二项和第三项分别等于 $\frac{b(c-a)}{4R}$ 和 $\frac{c(a-b)}{4R}$, 因此它们的和等于 0.

(6) 左边的第一项等于

$$\begin{aligned}\frac{2R\sin A\sin\frac{B-C}{2}}{\sin\frac{A}{2}}&=\frac{2R\cdot 2\sin\frac{A}{2}\cos\frac{A}{2}\sin\frac{B-C}{2}}{\sin\frac{A}{2}}\\&=4R\sin\frac{B-C}{2}\cos\frac{A}{2}\\&=2R\left(\sin\frac{A+B-C}{2}+\sin\frac{-A+B-C}{2}\right)\\&=2R(\cos C-\cos B).\end{aligned}$$

类似地, 另外两项分别等于 $2R(\cos A-\cos C)$ 和 $2R(\cos B-\cos A)$, 因此它们的和等于 0.

4.1.4 (1) 应用正弦定理, 将右边的表达式化为

$$\begin{aligned}&\frac{1}{4}(2R\sin A\cdot a\cdot 2\sin B\cos B+2R\sin B\cdot b\cdot 2\sin A\cos A)\\&\quad=R(a\sin A\sin B\cos B+b\sin A\sin B\cos A)\\&\quad=\frac{1}{2}(a\sin A\cdot 2R\sin B\cdot\cos B+b\sin B\cdot 2R\sin A\cdot\cos A)\end{aligned}$$

$$
\begin{aligned}
&= \frac{1}{2}(ab\sin A\cos B + ab\cos A\sin B)\\
&= \frac{1}{2}ab\sin(A+B) = \frac{1}{2}ab\sin C\\
&= \Delta.
\end{aligned}
$$

(2) 由正弦定理,

$$
a = \frac{c\sin A}{\sin C}, \quad b = \frac{c\sin B}{\sin C},
$$

所以右边的表达式化为

$$
\begin{aligned}
&\frac{\sin A\sin B}{2\sin(A-B)}\cdot c^2\cdot\frac{\sin^2 A-\sin^2 B}{\sin^2 C}\\
&\quad = \frac{c^2\sin A\sin B\sin(A+B)\sin(A-B)}{2\sin(A-B)\sin^2 C}
\end{aligned}
$$

(此处应用了例 3.1.1(1))

$$
\quad = \frac{c^2\sin A\sin B\sin C\sin(A-B)}{2\sin(A-B)\sin^2 C} = \frac{c^2\sin A\sin B}{2\sin C} = \Delta.
$$

(此处应用了例 4.1.4(2))

(3) 由正弦定理, $\sin A = \frac{a}{2R}$, 所以

$$
\Delta = \frac{1}{2}bc\sin A = \frac{1}{2}bc\cdot\frac{a}{2R} = \frac{abc}{4R}.
$$

仍由正弦定理, $a+b+c = 2R(\sin A+\sin B+\sin C) = 2R\cdot 4\cos\frac{A}{4}\cdot\cos\frac{B}{4}\cos\frac{C}{4}$ (此处用了练习题 3.7.4(1)), 因此

$$
R = \frac{a+b+c}{8\cos\frac{A}{4}\cos\frac{B}{4}\cos\frac{C}{4}}.
$$

将此式代入上面 Δ 的表达式, 即得所要的公式.

(4) 我们有

$$\frac{1}{ab}+\frac{1}{bc}+\frac{1}{ca}=\frac{a+b+c}{abc}.$$

又因为 $\Delta=sr$(见例 4.1.4(3)), 以及 $\Delta=\dfrac{abc}{4R}$ (见例 4.1.4(4)), 所以 $sr=\dfrac{abc}{4R}$, 从而

$$\frac{1}{4Rr}=\frac{s}{abc}=\frac{a+b+c}{2abc}.$$

由上两等式即得所要的结果.

4.1.5 应用投影定理可知

$$\begin{aligned}a^2-b^2&=a\cdot a-b\cdot b\\&=a(b\cos C+c\cos B)-b(c\cos A+a\cos C)\\&=c(a\cos B-b\cos A)\\&=(a\cos B+b\cos A)(a\cos B-b\cos A)\\&=a^2\cos^2 B-b^2\cos^2 A.\end{aligned}$$

于是 $a^2(1-\cos^2 B)=b^2(1-\cos^2 A)$. 由此得 $a^2\sin^2 B=b^2\sin^2 A$. 因为 $\sin A,\sin B>0$, 所以 $a\sin B=b\sin A$, 从而 $\dfrac{a}{\sin A}=\dfrac{b}{\sin B}$. 同样可证 $\dfrac{a}{\sin A}=\dfrac{c}{\sin C}$(至于此比值等于 $2R$ 仍然由几何考虑得出).

4.2.1 提示 由练习题 3.7.4(6) 易推出 (或直接证明):

$$\sin^2 A+\sin^2 B+\sin^2 C=2+2\cos A\cos B\cos C.$$

然后分别对锐角三角形、直角三角形和钝角三角形讨论 $\cos A\cos B\cos C$ 的符号.

4.2.2 (1) 将题中条件改写为

$$b^2(1-\cos^2 C)+c^2(1-\cos^2 B)=2bc\cos B\cos C,$$

即

$$b^2\cos^2 C+2bc\cos B\cos C+c^2\cos^2 B=b^2+c^2,$$

于是 $(b\cos C+c\cos B)^2=b^2+c^2$, 由此及投影定理得 $c^2=b^2+c^2$. 因此依勾股定理的逆定理知 C 为直角.

(2) 将题中条件改写为(应用例 3.5.1(2)) $\sin C=\tan\dfrac{A+B}{2}$, 于是 $\sin C=\cot\dfrac{C}{2}$, 由此推出 $2\sin\dfrac{C}{2}\cos\dfrac{C}{2}=\dfrac{\cos\dfrac{C}{2}}{\sin\dfrac{C}{2}}$. 因为 $\cos\dfrac{C}{2}\neq 0$, 所以 $2\sin^2\dfrac{C}{2}=1$. 注意 $\sin\dfrac{C}{2}>0$, 从而 $\dfrac{C}{2}=45^\circ, C=90^\circ$.

4.2.3 (1) 由正弦定理, 题设条件可改写为 $2R\sin^2 B=2R\sin^2 C$, 于是 $(\sin B+\sin C)(\sin B-\sin C)=0$. 因为 $0^\circ<B,C<180^\circ$, 所以 $\sin B+\sin C\neq 0$. 由 $0^\circ<B+C<180^\circ$, 得 $\sin B-\sin C=0, B=C$.

(2) 题中条件可改写为

$$a\left(\tan A-\tan\frac{A+B}{2}\right)=b\left(\tan B-\tan\frac{A+B}{2}\right).$$

因为由正切的和差化积公式得

$$\tan A-\tan\frac{A+B}{2}=\frac{\sin\dfrac{A-B}{2}}{\cos A\cos\dfrac{A+B}{2}},$$

$$\tan B-\tan\frac{A+B}{2}=\frac{\sin\dfrac{B-A}{2}}{\cos B\cos\dfrac{A+B}{2}},$$

所以上述条件化为

$$\sin\frac{A-B}{2}\left(\frac{a}{\cos A}+\frac{b}{\cos B}\right)=0.$$

因为

$$\frac{a}{\cos A}+\frac{b}{\cos B}=\frac{a\cos B+b\cos A}{\cos A\cos B}=\frac{c}{\cos A\cos B}\neq 0$$

(此处应用了投影定理), 因此 $\sin\dfrac{A-B}{2}=0$, 从而 $A=B$.

4.2.4 由题设条件可知 $a(2R\sin A)=b(2R\sin B)=c(2R\sin C)$, 也就是 $a^2=b^2=c^2$, 于是 $a=b=c$.

5.1.1 (1) 与例 5.1.2 同法. 由练习题 3.1.4(1) 可知

$$\tan x\sec 2x=\tan 2x-\tan x.$$

在其中依次取 $x=\dfrac{\theta}{2},\dfrac{\theta}{4},\cdots,\dfrac{\theta}{2^n}$, 得到下列一系列等式:

$$\begin{aligned}
&\tan\frac{\theta}{2}\sec\theta=\tan\theta-\tan\frac{\theta}{2},\\
&\tan\frac{\theta}{4}\sec\frac{\theta}{2}=\tan\frac{\theta}{2}-\tan\frac{\theta}{4},\\
&\cdots,\\
&\tan\frac{\theta}{2^{n-1}}\sec\frac{\theta}{2^{n-2}}=\tan\frac{\theta}{2^{n-2}}-\tan\frac{\theta}{2^{n-1}},\\
&\tan\frac{\theta}{2^n}\sec\frac{\theta}{2^{n-1}}=\tan\frac{\theta}{2^{n-1}}-\tan\frac{\theta}{2^n}.
\end{aligned}$$

将此 n 个等式相加, 即得所要证的恒等式.

(2) 与例 5.1.3 同法. 由 $\tan\theta=\cot\theta-2\cot 2\theta$ 推出

$$\frac{1}{2}\tan\frac{\theta}{2}=\frac{1}{2}\cot\frac{\theta}{2}-\cot\theta,\quad \frac{1}{2^2}\tan\frac{\theta}{2^2}=\frac{1}{2^2}\cot\frac{\theta}{2^2}-\frac{1}{2}\cot\theta,$$

等等, 然后将所得 n 个等式 (包括初始等式) 相加, 即得结果.

(3) **提示** 将下列等式相加即得所要的公式:

$$\sin x\sin^2\frac{x}{2}=\frac{1}{2}\sin x(1-\cos x)=\frac{1}{2}\sin x-\frac{1}{2^2}\sin 2x,$$
$$2\sin\frac{x}{2}\sin^2\frac{x}{2^2}=\sin\frac{x}{2}\left(1-\cos\frac{x}{2}\right)=\sin\frac{x}{2}-\frac{1}{2}\sin x,$$
$$2^2\sin\frac{x}{2^2}\sin^2\frac{x}{2^3}=2\sin\frac{x}{2^2}\left(1-\cos\frac{x}{2^2}\right)=2\sin\frac{x}{2^2}-\sin\frac{x}{2},$$
$$\cdots,$$
$$\begin{aligned}2^{n-1}\sin\frac{x}{2^{n-1}}\sin^2\frac{x}{2^n}&=2^{n-2}\sin\frac{x}{2^{n-1}}\left(1-\cos\frac{x}{2^{n-1}}\right)\\&=2^{n-2}\sin\frac{x}{2^{n-1}}-2^{n-3}\sin\frac{x}{2^{n-2}}.\end{aligned}$$

(4) 我们有

$$\begin{aligned}\frac{\sin x}{\cos 2x+\cos x}&=\frac{\sin x}{2\cos\frac{x}{2}\cos\frac{3x}{2}}=\frac{1}{4\sin\frac{x}{2}}\cdot\frac{2\sin x\sin\frac{x}{2}}{\cos\frac{x}{2}\cos\frac{3x}{2}}\\&=\frac{1}{4\sin\frac{x}{2}}\cdot\frac{-\cos\frac{3x}{2}+\cos\frac{x}{2}}{\cos\frac{x}{2}\cos\frac{3x}{2}},\end{aligned}$$

因此

$$\frac{\sin x}{\cos 2x+\cos x}=\frac{1}{4\sin\frac{x}{2}}\left(\frac{1}{\cos\frac{3x}{2}}-\frac{1}{\cos\frac{x}{2}}\right).$$

类似地,

$$\frac{\sin 2x}{\cos 4x+\cos x}=\frac{1}{4\sin\frac{x}{2}}\left(\frac{1}{\cos\frac{5x}{2}}-\frac{1}{\cos\frac{3x}{2}}\right),$$

$$\frac{\sin 3x}{\cos 6x+\cos x}=\frac{1}{4\sin\frac{x}{2}}\left(\frac{1}{\cos\frac{7x}{2}}-\frac{1}{\cos\frac{5x}{2}}\right),$$

等等, 将这些等式 (n 个) 相加即得所要的公式.

(5) **提示** 因为 $\cos^2 mx=\frac{1}{2}(1+\cos 2mx)$, 所以题中级数之和

$$S_n=\frac{n}{2}+\frac{1}{2}(\cos 2x+\cos 4x+\cdots+\cos 2nx).$$

注意 $x\neq k\pi$, 应用例 5.1.4 中的第二个公式即得结果.

(6) **提示** 应用 $\cos^3 mx=\frac{1}{4}\cos 3mx+\frac{3}{4}\cos mx$, 以及例 5.1.4 中的第二个公式.

5.1.2 提示 我们有

$$\cos mx\cos(m+1)x=\frac{1}{2}\big(\cos(2m+1)x+\cos x\big),$$

于是所求的和

$$\begin{aligned}S_n&=\frac{n}{2}\cos x+\frac{1}{2}\big(\cos 3x+\cos 5x+\cdots+\cos(2n+1)x\big)\\&=\frac{n-1}{2}\cos x\\&\quad+\frac{1}{2}\big(\cos x+\cos 3x+\cos 5x+\cdots+\cos(2n+1)x\big).\end{aligned}$$

当 $x\neq k\pi$ 时, 应用例 5.1.4 中的第二个公式; 当 $x=k\pi$ 时, 直

接计算:$\cos mk\pi\cdot\cos(m+1)k\pi=\dfrac{1}{2}\big(\cos(2m+1)k\pi+\cos k\pi\big)=\cos k\pi$.

5.1.3 提示 当 $\beta\neq(2k-1)\pi$ 时, 应用例 5.1.4 中的第二个公式, 其中取 $x=\alpha,d=\beta+\pi$. 当 $\beta=(2k-1)\pi$ 时, 直接计算.

5.1.4 提示 用 S_n 表示所求的和. 我们有

$$\begin{aligned}&2x\cos d\cdot S_n\\&\quad=2x\sin\alpha\cos d+2x^2\sin(\alpha+d)\cos d\\&\qquad+2x^3\sin(\alpha+2d)\cos d+\cdots+2x^n\sin\big(\alpha+(n-1)d\big)\cos d,\end{aligned}$$

将右边各项积化和差, 得到

$$\begin{aligned}&2x\cos d\cdot S_n\\&\quad=x\big(\sin(\alpha+d)+\sin(\alpha-d)\big)+x^2\big(\sin(\alpha+2d)+\sin\alpha\big)\\&\qquad+x^3\sin(\alpha+3d)+\sin(\alpha+d)\big)+\cdots\\&\qquad+x^n\Big(\sin(\alpha+nd)+\sin\big(\alpha+(n-2)d\big)\Big).\end{aligned}$$

于是 $(1-2x\cos d+x^2)S_n=S_n-2x\cos d\cdot S_n+x^2S_n=X_n$.

注 本题也可用复数证明, 参见练习题 5.3.4.

5.1.5 提示 用 S_n 表示所求的和. 在公式 $\sin3\alpha=3\sin\alpha-4\sin^3\alpha$ 中依次令 $\alpha=\dfrac{x}{3},\dfrac{x}{3^2},\dfrac{x}{3^3},\cdots,\dfrac{x}{3^n}$, 将所得 n 个等式分别乘以 $1,3,3^2,\cdots,3^{n-1}$, 然后将它们相加, 化简后得到

$$\sin x=3^n\sin\frac{x}{3^n}-4S_n.$$

5.2.1 (1) **提示** 在例 5.2.1 中用 $2^n\theta$ 代其中的 θ. 或者应用: 当 $k\geqslant 1$,

$$2\cos 2^{k-1}\theta=\frac{\sin 2^k\theta}{\sin 2^{k-1}\theta},$$

推出

$$2^n\cos 2^{n-1}\theta\cos 2^{n-2}\theta\cdots\cos\theta=\frac{\sin 2^n\theta}{\sin\theta}.$$

(2) **提示** 类似于本题 (1). 在例 5.2.2 中用 $\dfrac{\theta}{2^{n-1}}$ 代其中的 θ. 或者应用: 当 $k\geqslant 1$,

$$2\cos\frac{\theta}{2^k}-1=\frac{2\cos\dfrac{\theta}{2^{k-1}}+1}{2\cos\dfrac{\theta}{2^k}+1}.$$

(3) **提示** 注意

$$\begin{aligned}&\left(\cos\frac{x}{2^k}+\cos\frac{y}{2^k}\right)\left(\cos\frac{x}{2^k}-\cos\frac{y}{2^k}\right)\\&=\cos^2\frac{x}{2^k}-\cos^2\frac{y}{2^k}\\&=\frac{1}{2}\left(\cos\frac{x}{2^{k-1}}+1\right)-\frac{1}{2}\left(\cos\frac{y}{2^{k-1}}+1\right)\\&=\frac{1}{2}\left(\cos\frac{x}{2^{k-1}}-\cos\frac{y}{2^{k-1}}\right).\end{aligned}$$

(4) **提示** 我们有

$$\begin{aligned}(1+\sec 2\theta)\cot 2\theta&=\frac{\cos 2\theta}{\sin 2\theta}+\frac{1}{\sin 2\theta}=\frac{\cos 2\theta+1}{\sin 2\theta}\\&=\frac{2\cos^2\theta}{2\sin\theta\cos\theta}=\cot\theta.\end{aligned}$$

因此

$$1+\sec 2\theta=\frac{\cot\theta}{\cot 2\theta}.$$

在其中依次用 $2\theta,4\theta,\cdots,2^{n-1}\theta$ 代 θ.

5.3.1 (1) 由 De Moirve 公式,

$$\begin{aligned}\cos 5x+\mathrm{i}\sin 5x&=(\cos x+\mathrm{i}\sin x)^5\\&=\cos^5 x+5\mathrm{i}\cos^4 x\sin x-10\cos^3 x\sin^2 x\\&\quad-10\mathrm{i}\cos^2 x\sin^3 x+5\cos x\sin^4 x+\mathrm{i}\sin^5 x.\end{aligned}$$

由两边虚部相等推出

$$\begin{aligned}\sin 5x&=5\cos^4 x\sin x-10\cos^2 x\sin^3 x+\sin^5 x\\&=5(1-\sin^2 x)^2\sin x-10(1-\sin^2 x)\sin^3 x+\sin^5 x\\&=5\sin x-20\sin^3 x+16\sin^5 x.\end{aligned}$$

(2) 下面的解法与例 5.3.3 只是表述上有所差异. 令 $u=\cos x+\mathrm{i}\sin x, v=u^{-1}=\cos x-\mathrm{i}\sin x$, 则 $u+u^{-1}=2\cos x$, 于是

$$\begin{aligned}&128\cos^7 x\\&=(u+u^{-1})^7\\&=u^7+7u^5+21u^3+35u+35u^{-1}+21u^{-3}+7u^{-5}+u^{-7}\\&=(u^7+u^{-7})+7(u^5+u^{-5})+21(u^3+u^{-3})+35(u+u^{-1})\\&=2\cos 7x+14\cos 5x+42\cos 3x+70\cos x.\end{aligned}$$

由此立得题中公式.

5.3.2 (1) **提示** 参见练习题 5.3.1(1) 的解.

(2) **提示** 参见练习题 5.3.1(2) 的解.

(3) 和 (4) **提示** 参照练习题 5.3.1(2) 的解, 或直接套用例 5.3.3 中的公式, 注意 $5=2\times 2+1, k=2$ 是偶数; $6=2\times 3, k=3$ 是奇数.

5.3.3 参见例 5.3.4. 分别记题中的两个级数为 S_n 和 C_n. 注意等式 (由二项式定理)

$$z+\binom{n}{1}z^2+\binom{n}{2}z^3+\cdots+\binom{n}{n}z^{n+1}=z(1+z)^n.$$

在其中令 $z=\cos x+\mathrm{i}\sin x$, 得

$$C_n+\mathrm{i}S_n=(\cos x+\mathrm{i}\sin x)(\cos x+1+\mathrm{i}\sin x).$$

因为

$$\cos x+1+\mathrm{i}\sin x=2^n\cos^n\frac{x}{2}\left(\cos\frac{nx}{2}+\mathrm{i}\sin\frac{nx}{2}\right),$$

所以

$$C_n+\mathrm{i}S_n=2^n\cos^n\frac{x}{2}\left(\cos\frac{(n+2)x}{2}+\mathrm{i}\sin\frac{(n+2)x}{2}\right).$$

分别等置两边的实部和虚部, 即得结果.

5.3.4 分别记题中两个级数之和为 S_1 和 S_2, 令 $z=\cos x+\mathrm{i}\sin x$, 那么

$$\begin{aligned}
S_1+\mathrm{i}S_2&=1+az+a^2z^2+\cdots+a^nz^n=\frac{a^{n+1}z^{n+1}-1}{az-1}\\
&=\frac{a^{n+1}\cos(n+1)x-1+\mathrm{i}a^{n+1}\sin(n+1)x}{a\cos x-1+\mathrm{i}\sin x}\\
&=\frac{\begin{array}{c}\left(a^{n+1}\cos(n+1)x-1+\mathrm{i}a^{n+1}\sin(n+1)x\right)\\ \cdot(a\cos x-1-\mathrm{i}\sin x)\end{array}}{a^2-2a\cos x+1}
\end{aligned}$$

$$= \frac{a^{n+2}\cos nx - a^{n+1}\cos(n+1)x - a\cos x + 1}{a^2 - 2a\cos x + 1} + \mathrm{i}\frac{a^{n+2}\sin nx - a^{n+1}\sin(n+1)x - a\sin x + 1}{a^2 - 2a\cos x + 1}.$$

分别比较两边的实部和虚部, 即得结果.

注 还可参见练习题 5.1.3(不应用复数).

5.3.5 提示 (1) 由例 5.3.1,

$$\tan n\theta = \frac{\sin n\theta}{\cos n\theta} = \frac{\binom{n}{1}\sin\theta\cos^{n-1}\theta - \binom{n}{3}\sin^3\theta\cos^{n-3}\theta + \binom{n}{5}\sin^5\theta\cos^{n-5}\theta - \cdots}{\cos^n\theta - \binom{n}{2}\sin^2\theta\cos^{n-2}\theta + \binom{n}{4}\sin^4\theta\cos^{n-4}\theta - \cdots},$$

然后分子和分母同除以 $\cos^n\theta$.

(2) 答案是: $\tan 6x = \dfrac{2\tan x(3 - 10\tan^2 x + 3\tan^4 x)}{1 - 15\tan^2 x + 15\tan^4 x - \tan^6 x}$.

(3) 先推导出

$$\begin{aligned}\sin 6x &= 6\cos^5 x\sin x - 20\cos^3 x\sin^3 x + 6\cos x\sin^5 x \\ &= \sin x(32\cos^5 x - 32\cos^3 x + 6\cos x),\end{aligned}$$

以及

$$\begin{aligned}\cos 6x &= \cos^6 x - 15\cos^4 x\sin^2 x + 15\cos^2 x\sin^4 x - \sin^6 x \\ &= 32\cos^6 x - 48\cos^4 x + 18\cos^2 x - 1.\end{aligned}$$

(4) 应用例 5.1.4, 在其中取 $x=\theta, d=\pi+\theta$, 分别算出左边式子分子和分母中的级数之和.

5.4.1 (1) 在例 5.4.1(1) 的公式中用 2θ 代替 θ, 得到

$$(1-\cos 2\theta)\left(1-\cos\left(2\theta+\frac{2\pi}{n}\right)\right)\left(1-\cos\left(2\theta+\frac{4\pi}{n}\right)\right)\cdots$$
$$\cdot\left(1-\cos\left(2\theta+\frac{2(n-1)\pi}{n}\right)\right)=\frac{1-\cos 2n\theta}{2^{n-1}}.$$

应用倍角公式, 它可化为

$$2^n\sin^2\theta\sin^2\left(\theta+\frac{\pi}{n}\right)\sin^2\left(\theta+\frac{2\pi}{n}\right)\cdots\sin^2\left(\theta+\frac{(n-1)\pi}{n}\right)$$
$$=\frac{2\sin^2 n\theta}{2^{n-1}}.$$

由此两边开平方, 即得结果.

(2) **提示** 题中的乘积等于

$$\sin\left(\theta+\frac{\pi}{2n}\right)\sin\left(\left(\theta+\frac{\pi}{2n}\right)+\frac{\pi}{n}\right)\sin\left(\left(\theta+\frac{\pi}{2n}\right)+\frac{2\pi}{n}\right)\cdots$$
$$\cdot\sin\left(\left(\theta+\frac{\pi}{2n}\right)+\frac{(n-1)\pi}{n}\right).$$

在本题 (1) 中用 $\theta+\dfrac{\pi}{2n}$ 代 θ, 即可得结果.

(3) 将题中乘积的第 1 个因子与第 $n+1$ 个因子相乘, 第 2 个因子与第 $n+2$ 个因子相乘, 等等, 则题中乘积等于

$$\left(\sin\theta\sin\left(\theta+\frac{n\pi}{n}\right)\right)\cdot\left(\sin\left(\theta+\frac{\pi}{n}\right)\sin\left(\theta+\frac{(n+1)\pi}{n}\right)\right)\cdots$$
$$\cdot\left(\sin\left(\theta+\frac{(n-1)\pi}{n}\right)\sin\left(\theta+\frac{(2n-1)\pi}{n}\right)\right)$$
$$=(-\sin\theta)^2\left(-\sin\left(\theta+\frac{\pi}{n}\right)\right)^2\cdots\left(-\sin\left(\theta+\frac{(n-1)\pi}{n}\right)\right)^2$$

$$=(-1)^n\left(\sin\theta\sin\left(\theta+\frac{\pi}{n}\right)\cdots\sin\left(\theta+\frac{(n-1)\pi}{n}\right)\right)^2.$$

应用本题 (1) 中的公式即得所要的公式.

5.4.2 **提示** 因为当 $k=0,1,\cdots,n-1$,

$$\cos\left(\theta+\frac{k\pi}{n}\right)=\sin\left(\left(\theta+\frac{\pi}{2}\right)+\frac{k\pi}{n}\right),$$

所以由练习题 5.4.1(1) 可知题中乘积等于

$$\frac{\sin\left(n\theta+\dfrac{n\pi}{2}\right)}{2^{n-1}}.$$

然后区别 n 的奇偶性.

5.4.3 这是练习题 5.5.16(2) 的特例, 这里给出一个独立的解法. 我们有

$$\begin{aligned}\sin 7\theta&=-64\sin^7\theta+112\sin^5\theta-56\sin^3\theta+7\sin\theta\\&=-\sin\theta(64\sin^6\theta-112\sin^4\theta+56\sin^2\theta-7).\end{aligned}$$

因为 $\theta=\pm\dfrac{\pi}{7},\pm\dfrac{2\pi}{7},\pm\dfrac{3\pi}{7}$ 都满足 $\sin 7\theta=0,\sin\theta\neq 0$, 所以由此推出 $\pm\sin\dfrac{\pi}{7},\pm\sin\dfrac{2\pi}{7},\pm\sin\dfrac{3\pi}{7}$ 恰为 6 次方程 $64x^6-112x^4+56x^2-7=0$ 的全部根. 由 Vieta 定理得到

$$\sin\frac{\pi}{7}\left(-\sin\frac{\pi}{7}\right)\sin\frac{2\pi}{7}\left(-\sin\frac{2\pi}{7}\right)\sin\frac{3\pi}{7}\left(-\sin\frac{3\pi}{7}\right)=-\frac{7}{64},$$

于是

$$\sin\frac{\pi}{7}\sin\frac{2\pi}{7}\sin\frac{3\pi}{7}=\frac{\sqrt{7}}{8}.$$

5.5.1 若 $n=1$, 则 $1+\cos\phi=1-\cos\phi$, 于是 $\cos\phi=0$, 此时 $|\sin\phi|=1$, 因此题中结论成立. 下面设 $n\geqslant 2$. 我们有

$$\begin{aligned}&\big((1+\cos\phi_1)(1+\cos\phi_2)\cdots(1+\cos\phi_n)\big)^2\\&=(1+\cos\phi_1)(1+\cos\phi_2)\cdots(1+\cos\phi_n)\\&\quad\cdot(1-\cos\phi_1)(1-\cos\phi_2)\cdots(1-\cos\phi_n)\\&=(1-\cos^2\phi_1)(1-\cos^2\phi_2)\cdots(1-\cos^2\phi_n)\\&=\sin^2\phi_1\sin^2\phi_2\cdots\sin^2\phi_n,\end{aligned}$$

因为 $(1+\cos\phi_1)(1+\cos\phi_2)\cdots(1+\cos\phi_n)\geqslant 0$, 所以得知结论也成立.

5.5.2 因为

$$\sqrt{\frac{1}{1+\cos x}+\frac{1}{1-\cos x}}=\sqrt{\frac{2}{1-\cos^2 x}}=\sqrt{\frac{2}{\sin^2 x}}=\frac{\sqrt{2}}{|\sin x|},$$

所以

$$f(x)=\frac{\sqrt{2}}{\sin x|\sin x|}.$$

当 $2k\pi<x<(2k+1)\pi\,(k\in\mathbb{Z})$ 时 $\sin x>0, |\sin x|=\sin x$, 因而

$$f(x)=\frac{\sqrt{2}}{\sin^2 x}=\sqrt{2}(\cot^2 x+1).$$

当 $(2k+1)\pi<x<2(k+1)\pi\,(k\in\mathbb{Z})$ 时 $\sin x<0, |\sin x|=-\sin x$, 因而

$$f(x)=-\frac{\sqrt{2}}{\sin^2 x}=-\sqrt{2}(\cot^2 x+1).$$

合起来就是

$$f(x)=\begin{cases}\sqrt{2}(\cot^2 x+1) & (2k\pi<x<(2k+1)\pi\ (k\in\mathbb{Z})),\\ -\sqrt{2}(\cot^2 x+1) & ((2k+1)\pi<x<2(k+1)\pi\ (k\in\mathbb{Z})).\end{cases}$$

5.5.3 因为

$$\sin x+\sin y=2\sin\frac{x+y}{2}\cos\frac{x-y}{2},$$
$$\sin(x+y)=2\sin\frac{x+y}{2}\cos\frac{x+y}{2},$$

所以题中关系式等价于

$$\sin\frac{x+y}{2}\left(\cos\frac{x-y}{2}-\cos\frac{x+y}{2}\right)=0,$$

或

$$\sin\frac{x+y}{2}\sin\frac{x}{2}\sin\frac{y}{2}=0.$$

分别令各个因子等于 0, 可知 x,y 所满足的充分必要条件是: 或 $x+y=2k\pi$; 或 $x=2k\pi,y$ 任意; 或 $y=2k\pi,x$ 任意 $(k\in\mathbb{Z})$.

5.5.4 首先设 f 与 x 无关, 则当 $x=0,-\alpha,\dfrac{\pi}{2}$ 时 f 取相同的值, 因此

$$a+b\cos^2\alpha+c\cos\alpha=a\cos^2\alpha+b+c\cos\alpha=b\sin^2\alpha.$$

由前两式相等推出 $a\sin^2\alpha=b\sin^2\alpha$. 因为 $\alpha\neq\dfrac{k\pi}{2},\sin\alpha\neq 0$, 所以 $a=b$. 由第一和第三式相等得知 $2a\cos^2\alpha+c\cos\alpha=0$, 所以 $a=-\dfrac{1}{2}c\sec\alpha$. 于是所求必要条件是 $a=b=-\dfrac{1}{2}c\sec\alpha$.

反之, 设 $a=b=-\dfrac{1}{2}c\sec\alpha$, 那么 $c=-2a\cos\alpha$, 于是

$$f=a\big(\cos^2 x+\cos^2(x+\alpha)-2\cos x\cos(x+\alpha)\cos\alpha\big)$$

$$
\begin{aligned}
&= a\Big(\cos^2 x + \cos(x+\alpha)\big(\cos(x+\alpha) - 2\cos x\cos\alpha\big)\Big)\\
&= a\big(\cos^2 x - \cos(\alpha+x)\cos(\alpha-x)\big)\\
&= a\big(\cos^2 x - (\cos^2 x - \sin^2\alpha)\big)\\
&= a\sin^2\alpha
\end{aligned}
$$

(最后一步用到例 3.1.1(2)), 因此 f 确实与 x 无关. 因此上述必要条件也是充分的.

5.5.5 提示 (1) 通分相加, 所得结果的分子是 $\sin x\sin(y-z)+\sin y\sin(z-x)+\sin z\sin(x-y)$, 其中第一项等于

$$\frac{1}{2}\big(\cos(x-y+z)-\cos(x+y-z)\big),$$

在其中作字母轮换, 可知它们 (三项) 的和等于 0.

(2) 在本题 (1) 中分别用 $\dfrac{\pi}{2}-x,\dfrac{\pi}{2}-y,\dfrac{\pi}{2}-z$ 代 x,y,z.

***5.5.6 提示** 令

$$f(x)=\frac{(x-a)(x-b)}{(c-a)(c-b)}+\frac{(x-b)(x-c)}{(a-b)(a-c)}+\frac{(x-c)(x-a)}{(b-c)(b-a)}-1.$$

这是 x 的二次多项式. 因为 $f(a)=f(b)=f(c)=0$, 所以 $f(x)$ 有 3 个根. 二次非零多项式恰有两个根, 因此 $f(x)$ 恒等于零, 于是有代数恒等式

$$\frac{(x-a)(x-b)}{(c-a)(c-b)}+\frac{(x-b)(x-c)}{(a-b)(a-c)}+\frac{(x-c)(x-a)}{(b-c)(b-a)}=1.$$

现在, 在其中令 $x=\cos 2\theta+\mathrm{i}\sin 2\theta, a=\cos 2\alpha+\mathrm{i}\sin 2\alpha, b=\cos 2\beta+\mathrm{i}\sin 2\beta, c=\cos 2\gamma+\mathrm{i}\sin 2\gamma$. 那么

$$x-a=\cos 2\theta+\mathrm{i}\sin 2\theta-\cos 2\alpha-\mathrm{i}\sin 2\alpha$$

$$
\begin{aligned}
&=(\cos 2\theta-\cos 2\alpha)+\mathrm{i}(\sin 2\theta-\sin 2\alpha)\\
&=2\sin(\alpha-\theta)\big(\sin(\alpha+\theta)-\mathrm{i}\cos(\alpha+\theta)\big)\\
&=-2\mathrm{i}\sin(\alpha-\theta)\big(\cos(\alpha+\theta)+\mathrm{i}\sin(\alpha+\theta)\big).
\end{aligned}
$$

类似地, 有

$$
c-a=-2\mathrm{i}\sin(\alpha-\gamma)\big(\cos(\alpha+\gamma)+\mathrm{i}\sin(\alpha+\gamma)\big).
$$

由此可算出

$$
\frac{x-a}{c-a}=\frac{\sin(\alpha-\theta)}{\sin(\alpha-\gamma)}\big(\cos(\theta-\gamma)+\mathrm{i}\sin(\theta-\gamma)\big).
$$

同样地算出

$$
\frac{x-b}{c-b}=\frac{\sin(\beta-\theta)}{\sin(\beta-\gamma)}\big(\cos(\theta-\gamma)+\mathrm{i}\sin(\theta-\gamma)\big).
$$

因此

$$
\begin{aligned}
&\frac{(x-a)(x-b)}{(c-a)(c-b)}\\
&=\frac{\sin(\alpha-\theta)}{\sin(\alpha-\gamma)}\frac{\sin(\beta-\theta)}{\sin(\beta-\gamma)}\big(\cos 2(\theta-\gamma)+\mathrm{i}\sin 2(\theta-\gamma)\big).
\end{aligned}
$$

作字母轮换可得到

$$
\frac{(x-b)(x-c)}{(a-b)(a-c)} \quad \text{以及} \quad \frac{(x-c)(x-a)}{(b-c)(b-a)}
$$

的相同类型的表达式. 这三个表达式之和等于 1. 比较两边的实部和虚部, 即得所要的等式.

5.5.7 (1) 由正切加法公式, 得

$$
\tan 67^\circ 30'-\tan 22^\circ 30'=\frac{\sin 45^\circ}{\sin 67^\circ 30'\cos 22^\circ 30'}
$$

$$= \frac{2\sin 45^\circ}{\cos 90^\circ + \cos 45^\circ} = \frac{2\sin 45^\circ}{\cos 45^\circ}$$
$$= 2.$$

(2) 我们有

$$\tan 70^\circ - \tan 20^\circ = \frac{\sin 50^\circ}{\cos 70^\circ \cos 20^\circ} = \frac{2\sin 50^\circ}{\cos 90^\circ + \cos 50^\circ}$$
$$= \frac{2\sin 50^\circ}{\cos 50^\circ} = 2\tan 50^\circ,$$

以及 (类似地)

$$\tan 50^\circ - \tan 40^\circ = 2\tan 10^\circ.$$

于是 $\tan 50^\circ = \tan 40^\circ + 2\tan 10^\circ$, 从而

$$\tan 70^\circ - \tan 20^\circ = 2(\tan 40^\circ + 2\tan 10^\circ),$$

移项即得题中的等式.

(3) 左边等于

$$(\tan 9^\circ + \tan 81^\circ) - (\tan 27^\circ + \tan 63^\circ)$$
$$= \frac{\sin(9^\circ + 81^\circ)}{\cos 9^\circ \cos 81^\circ} - \frac{\sin(27^\circ + 63^\circ)}{\cos 27^\circ \cos 63^\circ}$$
$$= \frac{1}{\cos 9^\circ \cos 81^\circ} - \frac{1}{\cos 27^\circ \cos 63^\circ}$$
$$= \frac{2}{\cos 90^\circ \cos 72^\circ} - \frac{2}{\cos 90^\circ \cos 36^\circ}$$
$$= \frac{2}{\cos 72^\circ} - \frac{2}{\cos 36^\circ}.$$

由例 5.5.10 可知

$$\cos 72^\circ = \sin 18^\circ = \frac{\sqrt{5}-1}{4},$$

$$\cos 36^\circ = 1 - 2\sin^2 18^\circ = \frac{1+\sqrt{5}}{4},$$

因此前式等于 4.

(4) 要证的等式等价于

$$\tan 20^\circ + \tan 40^\circ = \sqrt{3}(1 - \tan 20^\circ \tan 40^\circ).$$

因为 20° 角是 40° 角的一半, 从几何上立知 $\tan 20^\circ \tan 40^\circ \neq 1$, 所以上式等价于

$$\frac{\tan 20^\circ + \tan 40^\circ}{1 - \tan 20^\circ \tan 40^\circ} = \sqrt{3},$$

或 $\tan(20^\circ + 40^\circ) = \sqrt{3}$, 这显然成立.

(5) 由

$$1 = \tan 45^\circ = \tan\big(x + (45^\circ - x)\big) = \frac{\tan x + \tan(45^\circ - x)}{1 - \tan x \tan(45^\circ - x)}$$

推出 $\tan x + \tan(45^\circ - x) = 1 - \tan x \tan(45^\circ - x)$. 移项得 $1 + \tan x + \tan(45^\circ - x) + \tan x \tan(45^\circ - x) = 2$. 将左边因式分解后即得题中等式.

(6) 因为 $\tan(1^\circ + 44^\circ) = \tan 45^\circ = 1$, 所以

$$\frac{\tan 1^\circ + \tan 44^\circ}{1 - \tan 1^\circ \tan 44^\circ} = 1,$$

于是

$$\tan 1^\circ + \tan 44^\circ = 1 - \tan 1^\circ \tan 44^\circ,$$

由此得到

$$(1 + \tan 1^\circ)(1 + \tan 44^\circ) = 2.$$

类似地,

$$(1+\tan 2^\circ)(1+\tan 43^\circ)=2,$$

$$(1+\tan 3^\circ)(1+\tan 42^\circ)=2,$$

$$\cdots,$$

$$(1+\tan 21^\circ)(1+\tan 24^\circ)=2,$$

$$(1+\tan 22^\circ)(1+\tan 23^\circ)=2.$$

所以题中的乘积等于

$$\big((1+\tan 1^\circ)(1+\tan 44^\circ)\big)\cdot\big((1+\tan 2^\circ)(1+\tan 43^\circ)\big)\cdots$$

$$\cdot\big((1+\tan 21^\circ)(1+\tan 24^\circ)\big)\big((1+\tan 22^\circ)(1+\tan 23^\circ)\big)$$

$$=2^{22}=4^{11}.$$

(7) **提示** 分别求 $\tan 36^\circ$(用例 5.5.10 中的结果) 及 $\tan 82^\circ 30'$. 对于后者, 注意 $\tan(2\cdot 82^\circ 30')=\tan 165^\circ=-\tan 15^\circ$ $=-\tan\dfrac{30^\circ}{2}$.

(8) 左边 $=(\cos 10^\circ+\cos 110^\circ)+\cos 130^\circ=2\cos 60^\circ\cos 50^\circ+$ $\cos 130^\circ=\cos 50^\circ-\cos 50^\circ=0$.

或者, 左边 $=(\cos 10^\circ+\cos 130^\circ)+\cos 110^\circ=2\cos 70^\circ\cos 60^\circ$ $+\cos 110^\circ=\cos 70^\circ+\cos 110^\circ=2\cos 90^\circ\cos 20^\circ=0$.

(9) 左边等于

$$\frac{1}{4}\left(-\frac{1}{2}+\cos 72^\circ\right)\left(-\frac{1}{2}-\cos 36^\circ\right).$$

然后应用例 5.5.10, 即得结果.

(10) 将左边通分得 (参见例 3.6.1)

$$\begin{aligned}\frac{\cos 10^\circ-\sqrt{3}\sin 10^\circ}{\sin 10^\circ\cos 10^\circ}&=\frac{2(\cos 60^\circ\cos 10^\circ-\sin 60^\circ\sin 10^\circ)}{\sin 10^\circ\cos 10^\circ}\\&=\frac{2\cos 70^\circ}{\sin 10^\circ\cos 10^\circ}=\frac{2\sin 20^\circ}{\sin 10^\circ\cos 10^\circ}\\&=\frac{4\sin 10^\circ\cos 10^\circ}{\sin 10^\circ\cos 10^\circ}=4.\end{aligned}$$

(11) 我们有

$$\begin{aligned}\cos^4\frac{x}{2}&=\left(\cos^2\frac{x}{2}\right)^2\\&=\frac{1}{4}(1+\cos x)^2=\frac{1}{4}(1+2\cos x+\cos^2 x)\\&=\frac{1}{4}\left(1+2\cos x+\frac{1+\cos 2x}{2}\right)\\&=\frac{1}{8}(3+4\cos x+\cos 2x).\end{aligned}$$

分别令 $x=\frac{\pi}{2},\frac{3\pi}{2},\frac{5\pi}{2},\frac{7\pi}{2}$, 将所得 4 式相加, 即得结果.

(12) 由本题 (11) 得

$$\cos^8\frac{x}{2}=\frac{1}{64}(3+4\cos x+\cos 2x)^2.$$

然后分别令 $x=\frac{\pi}{2},\frac{3\pi}{2},\frac{5\pi}{2},\frac{7\pi}{2}$, 将所得 4 式相加, 即得结果.

5.5.8 (1) 由题设条件得

$$\begin{aligned}\frac{\sin^2 x}{\sin^2\alpha}&=1-\frac{\tan(\alpha-\beta)}{\tan\alpha}=1-\frac{\sin(\alpha-\beta)\cos\alpha}{\cos(\alpha-\beta)\sin\alpha}\\&=\frac{\sin\alpha\cos(\alpha-\beta)-\cos\alpha\sin(\alpha-\beta)}{\cos(\alpha-\beta)\sin\alpha}\\&=\frac{\sin\left(\alpha-(\alpha-\beta)\right)}{\cos(\alpha-\beta)\sin\alpha}=\frac{\sin\beta}{\cos(\alpha-\beta)\sin\alpha},\end{aligned}$$

所以

$$\sin^2 x = \frac{\sin\alpha\sin\beta}{\cos(\alpha-\beta)}.$$

进而求得

$$\cos^2 x = 1-\sin^2 x = \frac{\cos(\alpha-\beta)-\sin\alpha\sin\beta}{\cos(\alpha-\beta)} = \frac{\cos\alpha\cos\beta}{\cos(\alpha-\beta)}.$$

于是

$$\tan^2 x = \frac{\sin^2 x}{\cos^2 x} = \frac{\sin\alpha\sin\beta}{\cos\alpha\cos\beta} = \tan\alpha\tan\beta.$$

(2) 我们有

$$\begin{aligned}
&(a-b\cos 2\alpha)(a-b\cos 2\beta)\\
&= a^2-ab(\cos 2\alpha+\cos 2\beta)+b^2\cos 2\alpha\cos 2\beta\\
&= a^2-ab(2\cos^2\alpha-1+2\cos^2\beta-1)\\
&\quad +b^2(2\cos^2\alpha-1)(2\cos^2\beta-1)\\
&= (a+b)^2-2b(a+b)(\cos^2\alpha+\cos^2\beta)+4b^2\cos^2\alpha\cos^2\beta.
\end{aligned}$$

由题设条件得到

$$\frac{\sin^2\alpha}{\cos^2\alpha}\cdot\frac{\sin^2\beta}{\cos^2\beta} = \frac{a-b}{a+b},$$

于是

$$\sin^2\alpha\sin^2\beta = \frac{a-b}{a+b}\cos^2\alpha\cos^2\beta,$$

也就是

$$(1-\cos^2\alpha)(1-\cos^2\beta) = \frac{a-b}{a+b}\cos^2\alpha\cos^2\beta.$$

由此求出

$$\cos^2\alpha+\cos^2\beta=1+\frac{2b}{a+b}\cos^2\alpha\cos^2\beta.$$

将此代入开始所得的式中, 即可得到所要的结果.

(3) 题设条件可化为 (分子和分母同时除以 $\cos^2\alpha$)

$$\tan\beta=\frac{n\tan\alpha}{\sec^2\alpha-n\tan^2\alpha}=\frac{n\tan\alpha}{1+\tan^2\alpha-n\tan^2\alpha}.$$

于是

$$\tan\beta(1+\tan^2\alpha-n\tan^2\alpha)=n\tan\alpha.$$

由此解出

$$n\tan\alpha=\frac{\tan\beta(1+\tan^2\alpha)}{1+\tan\alpha\tan\beta}.$$

因此

$$\begin{aligned}(1-n)\tan\alpha&=\tan\alpha-\frac{\tan\beta(1+\tan^2\alpha)}{1+\tan\alpha\tan\beta}\\&=\frac{\tan\alpha-\tan\beta}{1+\tan\alpha\tan\beta}=\tan(\alpha-\beta).\end{aligned}$$

(4) 将 $a\tan\alpha=b\tan\beta$ 两边平方, 得到

$$\frac{a^2(1-\cos^2\alpha)}{\cos^2\alpha}=\frac{b^2(1-\cos^2\beta)}{\cos^2\beta}.$$

由此解出

$$\cos^2\alpha=\frac{a^2\cos^2\beta}{b^2+(a^2-b^2)\cos^2\beta}.$$

于是

$$(1-x^2\sin^2\beta)(1-x^2\cos^2\alpha)$$

$$= \left(1 - \frac{a^2-b^2}{a^2}\cdot(1-\cos^2\beta)\right)\left(1 - \frac{a^2x^2\cos^2\beta}{b^2+(a^2-b^2)\cos^2\beta}\right)$$
$$= \frac{b^2+(a^2-b^2)\cos^2\beta}{a^2}\cdot\frac{b^2}{b^2+(a^2-b^2)\cos^2\beta}$$
$$= \frac{b^2}{a^2} = 1-x^2.$$

5.5.9 提示 (1) 注意

$$\cot\beta - \cot(\alpha+\gamma) = \frac{\sin(\alpha-\beta+\gamma)}{\sin\beta\sin(\alpha+\gamma)},$$
$$\cot\gamma - \cot(\alpha-\beta) = \frac{\sin(\alpha-\beta+\gamma)}{\sin\gamma\sin(\alpha-\beta)}.$$

由题设条件得 $\sin\beta\sin(\alpha+\gamma) = \sin\gamma\sin(\alpha-\beta)$.

(2) 由 $\dfrac{\tan(\theta+\alpha)}{x} = \dfrac{\tan(\theta+\beta)}{y}$ 及合分比定理$\left(\text{即: 若 } \dfrac{a}{b} = \dfrac{c}{d}, \text{ 则 } \dfrac{a+c}{b+d} = \dfrac{a-c}{b-d}\right)$, 可得

$$\frac{x+y}{x-y}\sin^2(\alpha-\beta) = \frac{\tan(\theta+\alpha)+\tan(\theta+\beta)}{\tan(\theta+\alpha)-\tan(\theta+\beta)}\sin^2(\alpha-\beta),$$

化简后得到 (见例 3.1.2)

$$\frac{x+y}{x-y}\sin^2(\alpha-\beta) = \frac{1}{2}\big(\cos 2(\theta+\beta) - \cos 2(\theta+\alpha)\big).$$

进行字母 x,y,z 及 α,β,γ 的轮换, 得到

$$\frac{y+z}{y-z}\sin^2(\beta-\gamma) = \frac{1}{2}\big(\cos 2(\theta+\gamma) - \cos 2(\theta+\beta)\big),$$
$$\frac{z+x}{z-x}\sin^2(\gamma-\alpha) = \frac{1}{2}\big(\cos 2(\theta+\alpha) - \cos 2(\theta+\gamma)\big).$$

5.5.10 注意 $1+2t\cos\alpha+t^2 = (t+\cos\alpha)^2+\sin^2\alpha$, 条件 $t>1$ 蕴含 $t+\cos\alpha$ 和 $\sin\alpha$ 不可能同时为 0, 因而题设条件中

的分母不为 0. 应用合分比定理(见练习题 5.5.9(2) 的解), 从题设条件推出

$$\frac{(t^2-1)+(1+2t\cos\beta+t^2)}{(1+2t\cos\alpha+t^2)+(t^2-1)}=\frac{(t^2-1)-(1+2t\cos\beta+t^2)}{(1+2t\cos\alpha+t^2)-(t^2-1)},$$

所以

$$\frac{t+\cos\beta}{t+\cos\alpha}=\frac{-1-t\cos\beta}{1+t\cos\alpha}.$$

对此式仍然应用上述比例性质, 得到

$$\frac{(t-1)(1-\cos\beta)}{(t+1)(1+\cos\beta)}=\frac{(t+1)(1+\cos\beta)}{(t-1)(1-\cos\beta)}.$$

由此可得

$$\frac{1-\cos\beta}{1+\cos\beta}\cdot\frac{1-\cos\alpha}{1+\cos\alpha}=\frac{(t+1)^2}{(t-1)^2}.$$

然后应用正切半角公式立得结果.

5.5.11 (1) **提示** 由万能公式 (见第 3.3 节),

$$\sin 2B=\frac{2\tan B}{1+\tan^2 B},\quad \cos 2B=\frac{1-\tan^2 B}{1+\tan^2 B},$$

由此算出右边等于

$$\frac{\sin 2B}{5-\cos 2B}=\frac{2\tan B}{4+6\tan^2 B}=\frac{\tan B}{2+3\tan^2 B}.$$

又由题设条件得 $\tan A=\dfrac{3}{2}\tan B$, 所以算出左边

$$\tan(A-B)=\frac{\tan A-\tan B}{1+\tan A\tan B}=\frac{\tan B}{2+3\tan^2 B}.$$

(2) **提示** 应用万能公式

$$\sin\alpha=\frac{2\tan\dfrac{\alpha}{2}}{1+\tan^2\dfrac{\alpha}{2}},\quad \cos\beta=\frac{1-\tan^2\dfrac{\beta}{2}}{1+\tan^2\dfrac{\beta}{2}}$$

算出

$$\frac{\sin\alpha\cos\beta}{\cos\alpha+\cos\beta}=\frac{4\tan\frac{\alpha}{2}\tan\frac{\beta}{2}}{2-2\tan^2\frac{\alpha}{2}\tan^2\frac{\beta}{2}}=\frac{2\tan\frac{\alpha}{2}\tan\frac{\beta}{2}}{1-\tan^2\frac{\alpha}{2}\tan^2\frac{\beta}{2}}.$$

由此及题设条件可知上式等于 $\tan\left(2\cdot\frac{\gamma}{2}\right)=\tan\gamma$.

(3) 解法 1 应用万能代换公式可得

$$\sin(x+y)=\frac{2t}{1+t^2},\quad \cos(x+y)=\frac{1-t^2}{1+t^2},$$

其中 $t=\tan\frac{x+y}{2}$. 将题设条件中两式相除得

$$\frac{\sin x+\sin y}{\cos x+\cos y}=\frac{a}{b}.$$

对此式左边的分子和分母分别应用和差化积公式, 可知 $\tan\frac{x+y}{2}=\frac{a}{b}$, 即 $t=\frac{a}{b}$. 将此代入前式即得所要结果.

解法 2 将题设条件中两式相乘, 得到

$$\sin x\cos x+\sin x\cos y+\sin y\cos x+\sin y\cos y=ab,$$

两边乘以 2, 可化为

$$2\sin(x+y)+\sin 2x+\sin 2y=2ab,$$

进而化为

$$2\sin(x+y)+2\sin(x+y)\cos(x-y)=2ab,$$

于是求出

$$\sin(x+y)\big(2+2\cos(x-y)\big)=2ab.$$

将题设条件中两式平方相加, 可得

$$2+2\cos(x-y)=a^2+b^2.$$

将上两式相除即得

$$\sin(x+y)=\frac{2ab}{a^2+b^2}.$$

最后, 将题设条件中两式平方相减可求出

$$\cos(x+y)\big(2+2\cos(x-y)\big)=b^2-a^2.$$

由此及 $\cos(x-y)=\dfrac{a^2+b^2-2}{2}$(见前式) 推出

$$\cos(x+y)=\frac{b^2-a^2}{2+2\cos(x-y)}=\frac{b^2-a^2}{a^2+b^2}.$$

5.5.12 提示 (1) 题给条件可化为

$$\frac{1+\sin x}{1-\sin x}=\frac{1+\sin\alpha}{1-\sin\alpha}\cdot\frac{1+\sin\beta}{1-\sin\beta}.$$

再应用(参见例 3.5.1(4)),

$$\frac{1+\sin x}{1-\sin x}=\tan^2\left(45^\circ+\frac{x}{2}\right),$$

等等, 即得所要的等式.

(2) 题中的条件可化为

$$1+z\cos y-z\cos x-z^2\cos x\cos y=1-z^2,$$

由此解得 $\cos y=\dfrac{\cos x-z}{1-z\cos x}$. 据此算出

$$\tan^2\frac{y}{2}=\frac{1-\cos y}{1+\cos y}=\cdots=\frac{(1+z)(1-\cos x)}{(1-z)(1+\cos x)}$$

$$= \frac{1+z}{1-z} \cdot \frac{1-\cos x}{1+\cos x} = \frac{1+z}{1-z} \tan^2 \frac{x}{2}.$$

***5.5.13** 将已知条件看作以 a,b,c 为未知数的三元一次齐次方程组 (“齐次”是指每个方程的常数项都为零). 因为 a,b,c 不全为零, 所以依据三元一次齐次方程组的解的性质定理 (当且仅当方程组的系数行列式等于零时方程组有非零解), 可知方程组的系数行列式

$$\begin{vmatrix} -1 & \cos C & \cos B \\ \cos C & -1 & \cos A \\ \cos B & \cos A & -1 \end{vmatrix} = 0.$$

展开行列式, 即得

$$\cos^2 A + \cos^2 B + \cos^2 C + 2\cos A \cos B \cos C = 1.$$

5.5.14 (1) 由半角公式和已知条件得 $a(1-\cos C) + c(1-\cos A) = b$, 此即 $a + c - (a\cos C + c\cos A) = b$. 应用投影定理得 $a + c = 2b$, 即 a,b,c 组成等差数列.

(2) **提示** 由半角公式和投影定理, 题中等式的左边等于 $\frac{a+c}{2} + \frac{1}{2}(a\cos C + c\cos A) = \frac{a+c}{2} + \frac{b}{2}$. 而 a,b,c 组成等差数列当且仅当 $a + c = 2b$.

(3) 由已知条件, 有 $\sin B - \sin A = \sin C - \sin B$, 两边和差化积得

$$2\sin\frac{B-A}{2}\cos\frac{B+A}{2} = 2\sin\frac{C-B}{2}\cos\frac{C+B}{2}.$$

或

$$\sin\frac{B-A}{2}\sin\frac{C}{2} = \sin\frac{C-B}{2}\sin\frac{A}{2}.$$

于是

$$\left(\sin\frac{B}{2}\cos\frac{A}{2}-\cos\frac{B}{2}\sin\frac{A}{2}\right)\sin\frac{C}{2}$$
$$=\left(\sin\frac{C}{2}\cos\frac{B}{2}-\cos\frac{C}{2}\sin\frac{B}{2}\right)\sin\frac{A}{2}.$$

两边除以 $\sin\frac{A}{2}\sin\frac{B}{2}\sin\frac{C}{2}$, 得到

$$\cot\frac{A}{2}-\cot\frac{B}{2}=\cot\frac{B}{2}-\cot\frac{C}{2}.$$

因此 $\cot\frac{A}{2},\cot\frac{B}{2},\cot\frac{C}{2}$ 组成等差数列.

5.5.15 (1) 我们有

$$\begin{aligned}x+y&=(\cos\alpha+\cos\beta)+\mathrm{i}(\sin\alpha+\sin\beta)\\&=2\cos\frac{\alpha-\beta}{2}\left(\cos\frac{\alpha+\beta}{2}+\mathrm{i}\sin\frac{\alpha+\beta}{2}\right).\end{aligned}$$

类似地,

$$\begin{aligned}y+z&=2\cos\frac{\beta-\gamma}{2}\left(\cos\frac{\beta+\gamma}{2}+\mathrm{i}\sin\frac{\beta+\gamma}{2}\right),\\z+x&=2\cos\frac{\gamma-\alpha}{2}\left(\cos\frac{\gamma+\alpha}{2}+\mathrm{i}\sin\frac{\gamma+\alpha}{2}\right).\end{aligned}$$

于是

$$\begin{aligned}&(x+y)(y+z)(z+x)\\&=8\cos\frac{\alpha-\beta}{2}\cos\frac{\beta-\gamma}{2}\cos\frac{\gamma-\alpha}{2}\\&\quad\cdot\left(\cos\frac{\alpha+\beta}{2}+\mathrm{i}\sin\frac{\alpha+\beta}{2}\right)\left(\cos\frac{\beta+\gamma}{2}+\mathrm{i}\sin\frac{\beta+\gamma}{2}\right)\\&\quad\cdot\left(\cos\frac{\gamma+\alpha}{2}+\mathrm{i}\sin\frac{\gamma+\alpha}{2}\right)\end{aligned}$$

$$
\begin{aligned}
&=8\cos\frac{\alpha-\beta}{2}\cos\frac{\beta-\gamma}{2}\cos\frac{\gamma-\alpha}{2}\\
&\quad\cdot\left(\cos\left(\frac{\alpha+\beta}{2}+\frac{\beta+\gamma}{2}+\frac{\gamma+\alpha}{2}\right)\right.\\
&\quad\left.+\mathrm{i}\sin\left(\frac{\alpha+\beta}{2}+\frac{\beta+\gamma}{2}+\frac{\gamma+\alpha}{2}\right)\right)\\
&=8\cos\frac{\alpha-\beta}{2}\cos\frac{\beta-\gamma}{2}\cos\frac{\gamma-\alpha}{2}\\
&\quad\cdot\big(\cos(\alpha+\beta+\gamma)+\mathrm{i}\sin(\alpha+\beta+\gamma)\big).
\end{aligned}
$$

最后注意 $\cos(\alpha+\beta+\gamma)+\mathrm{i}\sin(\alpha+\beta+\gamma)=xyz$, 即得所要结果.

(2) 由复数运算法则,

$$
\begin{aligned}
&x+y+z=(\cos\alpha+\cos\beta+\cos\gamma)+\mathrm{i}(\sin\alpha+\sin\beta+\sin\gamma),\\
&xyz=\cos(\alpha+\beta+\gamma)+\mathrm{i}\sin(\alpha+\beta+\gamma).
\end{aligned}
$$

因为 $x+y+z=xyz$, 所以它们的实部和虚部分别相等, 即

$$
\begin{aligned}
&\cos\alpha+\cos\beta+\cos\gamma=\cos(\alpha+\beta+\gamma),\\
&\sin\alpha+\sin\beta+\sin\gamma=\sin(\alpha+\beta+\gamma).
\end{aligned}
$$

将此两式两边分别平方, 然后相加, 得到

$$
\begin{aligned}
&\cos^2\alpha+\cos^2\beta+\cos^2\gamma\\
&+2(\cos\alpha\cos\beta+\cos\beta\cos\gamma+\cos\gamma\cos\alpha)\\
&+\sin^2\alpha+\sin^2\beta+\sin^2\gamma\\
&+2(\sin\alpha\sin\beta+\sin\beta\sin\gamma+\sin\gamma\sin\alpha)
\end{aligned}
$$

$$=\cos^2(\alpha+\beta+\gamma)+\sin^2(\alpha+\beta+\gamma).$$

因为 $\cos\alpha\cos\beta+\sin\alpha\sin\beta=\cos(\alpha-\beta)$, 等等, 所以由上式推出

$$3+2\big(\cos(\alpha-\beta)+\cos(\beta-\gamma)+\cos(\gamma-\alpha)\big)=1,$$

由此立得所要的结果.

5.5.16 (1) 由 De Moivre 公式可知, 下列 $2n$ 个复数

$$\begin{aligned}&\alpha_1=1, \alpha_2=\cos\frac{\pi}{n}+\mathrm{i}\sin\frac{\pi}{n},\\&\alpha_3=\cos\frac{2\pi}{n}+\mathrm{i}\sin\frac{2\pi}{n},\\&\cdots,\\&\alpha_{n-1}=\cos\frac{(n-2)\pi}{n}+\mathrm{i}\sin\frac{(n-2)\pi}{n},\\&\alpha_n=\cos\frac{(n-1)\pi}{n}+\mathrm{i}\sin\frac{(n-1)\pi}{n},\end{aligned}$$

以及

$$\begin{aligned}&\alpha_{n+1}=-1, \alpha_{n+2}=\cos\frac{\pi}{n}-\mathrm{i}\sin\frac{\pi}{n},\\&\alpha_{n+3}=\cos\frac{2\pi}{n}-\mathrm{i}\sin\frac{2\pi}{n},\\&\cdots,\\&\alpha_{2n-1}=\cos\frac{(n-2)\pi}{n}-\mathrm{i}\sin\frac{(n-2)\pi}{n},\\&\alpha_{2n}=\cos\frac{(n-1)\pi}{n}-\mathrm{i}\sin\frac{(n-1)\pi}{n},\end{aligned}$$

都是方程 $x^{2n}-1=0$ 的根. 因为

$$x^{2n}-1=(x^2)^n-1=(x^2-1)(x^{2n-2}+x^{2n-4}+\cdots+1),$$

所以除去 $\alpha_1=1,\alpha_{n+1}=-1$, 复数 $\alpha_2,\alpha_3,\cdots,\alpha_n,\alpha_{n+2},\alpha_{n+3},\cdots,\alpha_{2n}$ 是多项式 $x^{2n-2}+x^{2n-4}+\cdots+1$ 的全部根, 因而

$$(x-\alpha_2)(x-\alpha_{n+2})\cdot(x-\alpha_3)(x-\alpha_{n+3})\cdots(x-x_n)(x-x_{2n})$$
$$=x^{2n-2}+x^{2n-4}+\cdots+1.$$

又因为

$$\begin{aligned}&(x-\alpha_2)(x-\alpha_{n+2})\\&=\left(x-\cos\frac{\pi}{n}-\mathrm{i}\sin\frac{\pi}{n}\right)\left(x-\cos\frac{\pi}{n}+\mathrm{i}\sin\frac{\pi}{n}\right)\\&=\left(x-\cos\frac{\pi}{n}\right)^2-\mathrm{i}^2\sin^2\frac{\pi}{n}\\&=x^2-2x\cos\frac{\pi}{n}-1,\end{aligned}$$

类似地,

$$(x-\alpha_3)(x-\alpha_{n+3})=x^2-2x\cos\frac{2\pi}{n}-1,$$

等等, 所以

$$\begin{aligned}&\left(x^2-2x\cos\frac{\pi}{n}-1\right)\left(x^2-2x\cos\frac{2\pi}{n}-1\right)\cdots\\&\cdot\left(x^2-2x\cos\frac{(n-1)\pi}{n}-1\right)\\&\quad=x^{2n-2}+x^{2n-4}+\cdots+1.\end{aligned}$$

在其中令 $x=1$, 得到

$$\left(2-2\cos\frac{\pi}{n}\right)\left(2-2\cos\frac{2\pi}{n}\right)\cdot\left(2-2\cos\frac{(n-1)\pi}{n}\right)=n,$$

即

$$\left(4\sin^2\frac{\pi}{2n}\right)\left(4\sin^2\frac{2\pi}{2n}\right)\cdots\left(4\sin^2\frac{(n-1)\pi}{n}\right)=n,$$

由此易得所要的结果.

(2) **提示** 类似于本题 (1), 先考虑 $x^{2n+1}-1$ 的根, 由此推出

$$\begin{aligned}&\left(x^2-2x\cos\frac{2\pi}{2n+1}+1\right)\left(x^2-2x\cos\frac{4\pi}{2n+1}+1\right)\cdots\\&\cdot\left(x^2-2x\cos\frac{2n\pi}{2n+1}+1\right)\\&\quad=x^{2n}+x^{2n-1}+\cdots+1.\end{aligned}$$

注 对于某些特殊的 n, 可用其他方法解, 例如练习题 5.4.3.

5.5.17 提示 解法 1(代数解法) 令 $\tan A=a,\tan B=b,\tan C=c$, 那么依题设可知 $a,b,c>0$, 于是

$$\begin{aligned}&\sin A=\frac{a}{\sqrt{1+a^2}},\quad \cos A=\frac{1}{\sqrt{1+a^2}},\\&\sin B=\frac{b}{\sqrt{1+b^2}},\quad \cos B=\frac{1}{\sqrt{1+b^2}},\\&\cos(2A-B)=\cos 2A\cos B+\sin 2A\sin B\\&\qquad=(2\cos^2A-1)\cos B+2\sin A\cos A\sin B\\&\qquad=\frac{1-a^2+2ab}{(1+a^2)\sqrt{1+b^2}}.\end{aligned}$$

类似地 (字母轮换), 有

$$\cos(2B-C)=\frac{1-b^2+2bc}{(1+b^2)\sqrt{1+c^2}},$$

$$\cos(2C-A)=\frac{1-c^2+2ca}{(1+c^2)\sqrt{1+a^2}},$$
$$\cos(2B-A)=\frac{1-b^2+2ab}{(1+b^2)\sqrt{1+a^2}},$$
$$\cos(2C-B)=\frac{1-c^2+2bc}{(1+c^2)\sqrt{1+b^2}},$$
$$\cos(2A-C)=\frac{1-a^2+2ca}{(1+a^2)\sqrt{1+c^2}}.$$

将它们代入题中的等式并化简, 得到

$$(1-a^2+2ab)(1-b^2+2bc)(1-c^2+2ca)$$
$$=(1-b^2+2ab)(1-c^2+2bc)(1-a^2+2ca).$$

应用

$$bc(b^2-c^2)+ca(c^2-a^2)+ab(a^2-b^2)$$
$$=-(a-b)(b-c)(c-a)(a+b+c),$$
$$a(b^2-c^2)+b(c^2-a^2)+c(a^2-b^2)=(a-b)(b-c)(c-a)$$

(参见例 5.5.8 后的注), 可将前式化为

$$-2(a-b)(b-c)(c-a)(a+b+c+3abc)=0.$$

因为 $a+b+c+3abc>0$, 所以 $a-b,b-c,c-a$ 中至少有一个为 0, 而 A,B,C 都是锐角, 所以 $A=B,B=C,C=A$ 中至少有一个成立.

解法 2(三角解法) 分为下列四步:

(i) (a) 证明: 若 $\alpha+\beta+\gamma=\dfrac{\pi}{2}$, 则

$$\sin 2\alpha+\sin 2\beta+\sin 2\gamma=4\cos\alpha\cos\beta\cos\gamma$$

(见练习题 3.7.4(1)).

(b) 证明: 若 $\alpha+\beta+\gamma=\dfrac{\pi}{2}$, 则

$$\cos 2\alpha+\cos 2\beta+\cos 2\gamma=1+4\sin\alpha\sin\beta\sin\gamma$$

(见练习题 3.7.4(2)).

(c) 证明: 若 $\alpha+\beta+\gamma=0$, 则

$$\sin 2\alpha+\sin 2\beta+\sin 2\gamma=-4\sin\alpha\sin\beta\sin\gamma$$

(在练习题 3.7.4(4) 中令 $A=\alpha+\pi, B=\beta-\pi, C=\gamma+\pi$; 或直接证明: 左边 $=2\sin\alpha\cos\alpha+2\sin(\beta+\gamma)\cos(\beta-\gamma)=2\sin\alpha\cos(\beta+\gamma)-2\sin\alpha\cos(\beta-\gamma)=\cdots$).

(ii) 因为 $(2A-B)+(2B-C)+(2C-A)=A+B+C=\dfrac{\pi}{2}$, 所以由步骤 (i) 中的 (a) 得到

$$\begin{aligned}&\sin(4A-2B)+\sin(4B-2C)+\sin(4C-2A)\\&\quad=4\cos(2A-B)\cos(2B-C)\cos(2C-A).\end{aligned}$$

类似地,

$$\begin{aligned}&\sin(4B-2A)+\sin(4C-2B)+\sin(4A-2C)\\&\quad=4\cos(2B-A)\cos(2C-B)\cos(2A-C).\end{aligned}$$

将它们代入题设等式, 得到

$$\sin(4A-2B)+\sin(4B-2C)+\sin(4C-2A)$$
$$=\sin(4B-2A)+\sin(4C-2B)+\sin(4A-2C).$$

(iii) 因为

$$\sin(4A-2B)$$
$$=\sin 4A\cos 2B-\cos 4A\sin 2B$$
$$=2\sin 2A\cos 2A\cos 2B-(2\cos^2 2A-1)\sin 2B$$
$$=2\cos 2A(\sin 2A\cos 2B-\cos 2A\sin 2B)+\sin 2B$$
$$=2\cos 2A\sin(2A-2B)+\sin 2B.$$

类似地 (字母轮换), 有

$$\sin(4B-2C)=2\cos 2B\sin(2B-2C)+\sin 2C,$$
$$\sin(4C-2A)=2\cos 2C\sin(2C-2A)+\sin 2A,$$
$$\sin(4B-2A)=2\cos 2B\sin(2B-2A)+\sin 2A,$$
$$\sin(4C-2B)=2\cos 2C\sin(2C-2B)+\sin 2B,$$
$$\sin(4A-2C)=2\cos 2A\sin(2A-2C)+\sin 2C.$$

将它们代入步骤 (ii) 最后所得等式中, 可得

$$\cos 2A\sin(2A-2B)+\cos 2B\sin(2B-2C)$$
$$+\cos 2C\sin(2C-2A)$$

$$= \cos 2B \sin(2B-2A) + \cos 2C \sin(2C-2B) + \cos 2A \sin(2A-2C).$$

移项得到

$$(\cos 2A + \cos 2B)\sin(2A-2B) + (\cos 2B + \cos 2C)\sin(2B-2C) + (\cos 2C + \cos 2A)\sin(2C-2A) = 0.$$

又因为 (对于任何 A,B,C)

$$\cos 2C \sin(2A-2B) + \cos 2A \sin(2B-2C) + \cos 2B \sin(2C-2A) = 0$$

(此式可应用加法定理证明, 也可在练习题 3.5.2(2) 中令 $x=2A, y=2B, z=2C$, 然后去分母). 将上述二式相加, 最终得到

$$(\cos 2A + \cos 2B + \cos 2C) \cdot \big(\sin(2A-2B) + \sin(2B-2C) + \sin(2C-2A)\big) = 0.$$

(iv) 应用步骤 (i) 中的等式 (b) 和 (c), 将上式化为

$$(1 + 4\sin A \sin B \sin C) \cdot \big(-4\sin(A-B)\sin(B-C)\sin(C-A)\big) = 0.$$

因为 $1+4\sin A \sin B \sin C > 1$, 所以 $\sin(A-B)\sin(B-C)\sin(C-A) = 0$. 由此即可推出所要的结论.